冷弯厚壁钢管压弯构件抗震性能研究

温东辉 / 著

U0312439

电子科技大学出版社
University of Electronic Science and Technology of China Press
·成都·

图书在版编目（CIP）数据

冷弯厚壁钢管压弯构件抗震性能研究 / 温东辉著.
成都：成都电子科大出版社，2024. 9. -- ISBN 978-7
-5770-1092-2

Ⅰ. TU392.1

中国国家版本馆CIP数据核字第2024VD4798号

冷弯厚壁钢管压弯构件抗震性能研究

LENGWAN HOUBI GANGGUAN YAWAN GOUJIAN KANGZHEN XINGNENG YANJIU

温东辉　著

策划编辑　唐祖琴
责任编辑　唐祖琴
责任校对　兰　凯
责任印制　段晓静

出版发行　电子科技大学出版社
　　　　　成都市一环路东一段159号电子信息产业大厦九楼　邮编　610051
主　　页　www.uestcp.com.cn
服务电话　028-83203399
邮购电话　028-83201495

印　　刷　成都市火炬印务有限公司
成品尺寸　185 mm×260 mm
印　　张　10
字　　数　180千字
版　　次　2024年9月第1版
印　　次　2024年9月第1次印刷
书　　号　ISBN 978-7-5770-1092-2
定　　价　48.00元

版权所有，侵权必究

序　言

鉴于我国冷弯型钢生产的实际情况和迫切的应用需求，本书对冷弯厚壁钢管的材料性能和压弯构件的抗震性能进行了系统的理论和试验研究。研究内容主要包括以下几方面：

（1）对冷弯厚壁方钢管在典型成型工艺下的代表性截面角部和平板部分进行了大量材料性能试验，包括288个平板试件（其中72个带焊缝），280个角部试件，合计568个材料性能试件。对冷弯厚壁圆钢管在圆周四等分处取样，其中一个试样带焊缝，进行了120个材料拉伸试验。根据试验结果，建立了屈服强度、极限强度、强屈比和伸长率沿方钢管截面的分布模型以及圆钢管截面的相应分布模型。

（2）结合短柱试验，研究了典型截面冷弯效应的水平对强度的影响，并与国内外相关规范公式进行了比较，评估了我国《冷弯薄壁型钢结构技术规范》（GB 50018—2002）中考虑冷弯效应的屈服强度公式对厚壁截面适用性。

（3）对24根冷弯厚壁钢管压弯构件在低周反复荷载下的性能进行了试验研究，得到了试件的滞回性能、骨架曲线、延性与变形能力以及破坏模式。根据宽厚比、长细比及轴压比等主要参数对构件滞回性能的影响，将试件的破坏模式归纳为强度破坏、整体失稳破坏、局部失稳破坏、局部和整体失稳耦合破坏四种情况。

（4）由于试验数据有限，本书进行了大量的数值计算，考虑了模型中冷弯效应的影响，完成了近500根压弯试件的有限元分析，并根据试验和参数分析结果，对压弯试件在地震作用下的破坏模式进行了分类。

（5）基于研究结果，提出了适用于冷弯厚壁钢管压弯构件的 $V-\Delta$ 骨架曲线上各特征点的实用计算公式和简化恢复力模型。

最后，本书指出了冷弯厚壁钢管构件还待进一步研究的方向。

由于作者学识有限，书中若有不当或不足之处，恳请专家和读者不吝指正。

目录

第1章

绪　论

1.1 研究背景及意义

冷弯型钢在国际上是建筑钢结构的主要用材之一，已被广泛应用于低层、多层工业厂房、住宅及商用建筑等。与热轧型钢相比，在建筑结构中采用冷弯型钢具有诸多优点：由于采用冷加工成型工艺，型钢壁板的宽厚比较大，而不像热轧型钢那样受到限制，且断面形状灵活、单位重量的断面性能较热轧型钢优越，因而截面高效，可节省10%～40%的钢材；冷轧成型精度高、速度快、产量高，且不损伤涂层，宜于大批量工业化生产。同时，冷弯型钢结构不仅具有一般钢结构的优良性能，还具有抗震性能优越、可有效降低建筑物自重、连接方便、施工迅速、环保、材料可循环利用等优点。

就冷弯型钢而言，发达国家一般占建筑钢结构总量的5%以上，截面厚度薄的在1 mm以下，厚的达25.4 mm（1英寸），强度为345 MPa以上。而我国现行标准《冷弯薄壁型钢结构技术规范》（GB 50018—2002）仅适用于2～6 mm的Q235、Q345钢材。同时，现有相关规范在冷弯型钢抗震设计方面还是空白。这已极大地限制了各类冷弯型钢在我国抗震设防地区的普遍应用和快速推广。近年来，我国冷弯型钢行业发展迅猛，随着冷弯型钢生产状况的改善及设备生产能力的日益发展，已能生产壁厚为20 mm左右、截面展宽达2 m的各类截面新型冷弯型钢。为了进一步扩大冷弯型钢在我国建筑钢结构领域的应用范围，国家标准《冷弯薄壁型钢结构技术规范》的新一轮修订工作已经启动。目前，我国在厚壁冷弯型钢设计方面的理论和技术存在空白，迫切需要填补。这将为新型冷弯厚壁型钢在建筑钢结构产业领域的推广应用提供技术支撑。因此，针对基本构件系统的静力和抗震性能及设计方法研究是目前冷弯厚壁型钢在我国推广应用的关键科学问题之一。

本书结合目前我国冷弯型钢生产的国情和应用需求，针对厚度为6～20 mm的冷弯厚壁型钢基本构件设计中的若干基础理论和技术问题进行研究。采用理论分析、试验研究与数值模拟相结合的手段，对典型截面冷弯厚壁型钢的冷弯效应及抗震性能进行系统深入的研究。研究成果将为冷弯厚壁型钢抗震设计提供较系统的理论依据，推进厚壁冷弯型钢相关技术标准的编制，推动厚壁冷弯型钢在国内低多层乃至小高层房屋建筑等领域的广泛应用。

1.2 国内外研究现状及存在的问题

目前，世界各国对于冷弯厚壁型钢的研究主要集中在构件的静力性能方面，针对冷弯效应及残余应力分布的系统研究、基本构件承载力设计可靠度分析和构件的抗震性能研究相对较少。由于冷加工，使冷弯型钢的力学性能与冷弯前的钢板有了显著区别。这对构件承载力性能，特别是抗震性能将产生显著的影响，主要表现在：提高了屈服点、抗拉强度和屈强比；降低了材料的塑性、冲击韧性和伸长率；沿型钢截面各点产生了大小不等的冷弯残余应力，且截面各点屈服强度分布差异大大增加；同时，这些冷弯效应和残余应力分布将因截面板厚及冷加工工艺的不同而有较大差异。因此，应考虑典型的冷成型方式，采用从局部冷弯效应和残余应力的分析入手，逐步深入整体构件承载性能的研究方法，层层深入展开。在对冷弯厚壁型钢由于冷加工引起的冷弯效应和残余应力进行全面研究的基础上，对压弯构件的抗震性能进行系统研究，从而提出冷弯厚壁型钢压弯构件的简化恢复力模型。

1.2.1 冷弯厚壁型钢冷弯效应和残余应力分布研究

对冷弯效应和残余应力分布的研究是冷弯厚壁型钢基本构件设计理论研究的前提。目前，各国规范对考虑冷弯效应的冷弯型钢屈服强度计算方法不尽相同。在北美、澳洲/新西兰冷弯型钢设计规范[1-2]的计算公式中，认为角部屈服强度的增加取决于母材的强屈比和弯角内半径与平板厚度之比[3]，而没有考虑冷成型方式的影响。欧洲规范[4]的计算公式则假定在每一个90°弯角部，屈服强度在一定长度范围内增加到母材的极限强度，将所有增加值平均分配到全截面上，从而得到全截面的平均屈服强度[5]。我国现行国家标准《冷弯薄壁型钢结构技术规范》（GB 50018—2002）中，考虑冷弯效应的强度设计值是基于学者金昌成[6-7]通过理论推导和试验验证后得到的全截面屈服强度计算公式，适用于壁厚为6 mm以下的冷弯型钢。

在6 mm以上的厚壁冷弯型钢方面，加拿大学者阿卜杜勒·拉赫曼[3]通过对冷弯槽钢截面的角部和平板部位进行试验研究，对北美规范中考虑冷弯效应的角部屈服强度公式进行了修正。武汉大学郭耀杰[8-9]等学者对厚度为8 mm、10 mm、12 mm的厚壁型钢进行了平板、角部材性试验及方形、矩形钢管截面的短柱试验，并将试验结果与规范公式值进行比较，在我国规范基础上给出了考虑冷弯效应的屈服强度修正公式。韩军科[10]等学者通过对厚度为10 mm和12 mm两种规格的冷弯L型钢进行试验研究，认为现行考虑冷弯效应的屈服强度公式不适用于厚壁型钢，并给出了修正公式。同济大学沈祖炎[11]通过对现有冷弯厚壁试验数据与各国规范值进行对比，认为我国规范计算值和欧洲规范接近，且偏于保守。武汉科技大学胡盛德[12]对厚度为9.2 mm的两种截面规格的冷弯方形、矩形截面进行材性和短柱试验。结果表明：北美规范计算值比试验值偏高，我国规范公式能否适用于厚壁型钢要根据母材强屈比和冷作硬化程度进一步研究确定。

残余应力对构件的静力强度、屈曲强度、疲劳强度、脆性断裂、应力腐蚀以及钢材硬度等都有明显影响[13]。确定残余应力的大小及分布对结构设计和有限元模拟均至关重要。有学者首次采用电化学腐蚀法对厚度范围从1.626 mm到3.073 mm的冷弯槽钢构件中的残余应力进行了研究[14]，认为理想化残余应力分布模式为：①槽钢截面外表面是拉伸残余应力，内表面是压缩残余应力；②残余应力沿板厚线性分布；③残余应力沿截面周长均匀分布，忽略角部残余应力的变化；④假设最大拉、压残余应力的大小相等，并且偏于保守的取材料屈服应力的50%。阿卜杜勒·拉赫曼和西瓦库马兰[3]也采用电化学腐蚀法对冷轧成型槽钢进行了试验研究，认为横向残余应变的大小与纵向残余应变相比，可忽略不计。同时，也有部分学者对冷弯厚板的残余应力进行了试验研究[15-18]。文献[16]对冷弯厚壁高强钢板中的残余应力进行了试验研究，试验中采用钢板厚度为1英寸（25.4 mm）和1.5英寸（38.1 mm）两种。研究结果发现：残余应变最大值发生在板带的内表面或板的中性面附近，所测应变均小于材料的屈服应变，沿板厚残余应力呈“之”字形分布。文献[18]对冷轧厚壁方钢管截面中的残余应力进行了试验研究，给出了沿板厚残余应力的解析模型，认为方钢管截面中纵向和横向残余应力均由薄膜分量、弯曲分量和层分量共三部分组成。李淑慧[19]等采用X射线衍射法对冷轧方钢管中的残余应力进行了研究，截面成型方式有圆变方和方变方两种，得到以下结论：①焊接处残余应力最大；②沿厚度残余应力分布呈折线形；③截面成型方式（圆变方、方变方）对纵向残余应力有明显影响，对横向残余应力影响较小。此外，其他学者从理论和数值方面对冷弯型钢中的残余应力进行了研究。郭伟明等[20]人考虑钢板的盘绕和展开过程，得到钢板内残余应力的闭合式解析解，采用数值方法研究了模压成型构件中的残余应力[21]。研究成果认为：①模压成型构件中残余应力不仅含有薄膜分量和弯曲分量，还有层向分量，并且层向分量的值有可能比其他两个分量大。②模压成型截面的最大残余应力一般在角部并且远离表面，最大值比表面应力大得多。这意味着传统基于试验基础上认为残余应力沿板厚线性分布会极大地低估真实的残余应力。③平板区残余应力的分布很大程度上取决于初始盘绕直径，不同初始盘绕直径会造成平板残余应力很不相同。摩恩（MOEN）等[22]学者对冷弯钢构件中的初始残余应力和有效塑性应变进行了理论研究，给出了角部和平板区的残余应力和有效塑性应变的代数方程。公式表明：冷弯钢构件中既有横向残余应力又有纵向残余应力，且沿板厚呈非线性分布。郭耀杰和朱爱珠[8]、郭盛[23]等学者将冷弯加工过程分解成弯曲（加载）和回弹（卸载）两步对冷弯型钢残余应力场进行了理论及有限元模拟计算，分别探讨了平板部位和弯角部位残余应力的分布情况，发现厚壁冷弯型钢残余应力的分布沿板厚方向呈非线性分布。董军和于雷[24]也对厚壁冷成型钢残余应力进行了理论分析，并认为冷成型残余应力与板件厚度、相对弯曲半径之比（R/t）有关。候刚[25-26]通过钻孔法对采用直接成方工艺形成的冷弯方钢管截面135 mm×10 mm、300 mm×16 mm，圆变方工艺得到的方钢管截面135 mm×10 mm进行了残余应力测试，并用X射线衍射法对圆变方截面135 mm×10 mm进行了对比测试后，给出了两种工艺对应的纵向、横向残余应力分布模型。

综上所述，国内外对冷弯效应和残余应力的研究已取得了一定进展，但就厚壁而言，该领域尚存在以下需进一步研究的问题。①需建立包括开口和闭口截面在内的6 mm到20 mm国产冷弯厚壁型钢考虑冷弯效应的实用强度设计值公式。目前，国内外对冷弯厚壁型钢进行的少量试验主要集中在方形、矩形钢管，尚需就不同厂家、钢材等级、截面形式、成型方式及厚度范围进行具有一定代表性的试验；②需对冷弯型钢残余应力分布模式作进一步研究。冷弯型钢中残余应力的实际分布非常复杂，无论采用试验技术、理论研究还是数值模拟都不能代表真实的残余应力大小及分布，只能结合构件承载性能分析的需要，提出代表真实情况的近似分布规律，同时考虑不同成型方式、截面形状及壁厚对残余应力分布的影响。

1.2.2 基本构件承载力设计理论

目前，国内外对冷弯型钢基本构件静力性能的研究主要集中在冷弯薄壁铝合金[27-34]、薄壁不锈钢[35-40]及高强超薄壁型钢[41-66]等方面。对冷弯薄壁型钢构件极限承载力的计算，主要有有效宽度法和直接强度法两种方法。有效宽度法是传统的设计方法，最早由冯·卡门于1932年提出了用于航空业的有效宽度计算式。1946年，美国康奈尔大学G. Winter教授将其修正后用于冷弯薄壁型钢结构构件的计算。它通过扣除一部分面积（剩下的即为有效面积）来考虑板件局部屈曲对构件整体屈曲承载力的影响。随着高强超薄壁型钢的发展，出现了一种新的屈曲模式——畸变屈曲[67-68]，导致用有效截面法的计算显得更加烦琐。为了解决这一问题，有学者提出了一种全新的设计方法——直接强度法[69-73]。该法不需要进行有效宽度的计算，直接根据构件毛截面确定构件的整体极限承载力。

随着冷弯型钢的壁厚增大，设计时是否允许其局部屈曲是一个关键问题。对其采用传统的有效宽度法还是普通钢结构理论需要进一步的研究。王小平、汪辉[74]采用数值模拟方法对8～12 mm的冷弯厚壁型钢轴压构件进行了分析，并给出了稳定系数的确定方法。郭耀杰、王维维[75]也采用数值方法，研究只考虑冷弯残余应力和考虑焊接残余应力与冷弯残余应力共同作用时，冷弯双槽钢焊接箱形轴压构件的稳定性能，建议对现行国家标准《冷弯薄壁型钢结构技术规范》（GB 50018—2002）

增加焊接厚壁冷弯型钢构件柱子曲线。高恒、王小平[76]对厚度为8 mm的不同长度的冷弯型钢方形、矩形钢管柱进行了试验研究和数值分析，并与规范计算值进行了比较，提出了冷弯型钢柱对初始缺陷敏感的长细比区段。

候刚[25]对厚度为8～16 mm的轴压构件进行了试验研究及数值分析，认为《冷弯薄壁型钢结构技术规范》（GB 50018—2002）不能用于冷弯厚壁型钢方管柱的轴压稳定设计，可由《钢结构设计规范》（GB 50017—2003）的柱子曲线b和美国结构稳定研究学会（SSRC）的曲线2进行设计。

综上所述，目前对冷弯厚壁型钢构件承载力的研究大多只限于轴压构件，对受弯和偏压构件的研究几乎为空白。为得到冷弯厚壁型钢设计的完整设计理论，需要针对轴压、受弯和偏压构件，就各种钢材等级、截面类型（开口槽形、由槽形组合的工字形、方形、矩形、圆管形）、宽厚比、和长细比对其的影响进行大量试验研究和数值分析，为厚度6 mm以上的新型冷弯厚壁型钢基本构件的设计提供较系统的理论和试验研究基础。同时，也为实际工程设计提供有力的技术支持和依据，从而进一步推动冷弯型钢结构体系在我国的大量应用。

1.2.3 冷弯型钢构件抗震性能研究

我国建筑物普遍需要考虑抗震设防。因此，冷弯型钢作为结构构件，抗震性能及其设计方法的研究至关重要。有学者[77]对反复轴力作用下两端固定厚度为3～6 mm的冷弯圆钢管支撑进行了试验，研究了宽厚比和长细比对支撑强度、延性和耗能能力的影响。研究结果表明：局部屈曲前支撑表现出稳定的滞回性能，局部屈曲后强度和延性表现出明显的退化，其程度取决于长细比和宽厚比；具有较小长细比的支撑表现出较大的延性系数；加载时每一位移幅值的重复次数对位移延性系数有明显影响，而对极限受压强度和与之相应的位移影响较小；由冷轧和电阻焊引起的残余应力对小尺寸截面的承载力有明显的影响。有学者[78]对单调和往复轴力加载下厚度为2 mm和2.5 mm的冷弯方形、矩形钢管构件的响应进行了试验研究。研究结果表明：局部屈曲前支撑表现出稳定的滞回性能，局部屈曲后强度和延性表现出不同程度的退化；短试件的耗能能力较大，随着长细比增加，耗能能力下降。有学者[79]对冷弯方钢管梁的低周疲劳进行研究，结果表明：在方钢管截面的翼缘一旦形成局部机构，若干循环后剩余强度会迅速降低；大变形循环弯矩作用下方钢管梁的失效模式是形成局部机构随后断裂。有学者[80]采用等幅加载制度对冷弯圆钢管梁在反复弯矩作用下的非弹性行为进行了试验研究，钢管直径为33.7～101.6 mm，厚度为2.3～3.2 mm。试验结果表明：局部屈曲前圆钢管梁表现出稳定的滞回性能，局部屈曲后强度和延性表现出不同程度的退化；由冷加工引起的椭圆化、低应变能力和残余应力及电阻焊对小尺寸圆管梁在反复弯曲下的抗弯承载力有明显的影响。有学者[81]还采用变幅加载制度对冷弯圆钢管梁在反复弯矩作用下的非弹性行为进行了试验研究，钢管直径为60.3～101.6 mm，厚度为2.3～3.2 mm，同样发现局部屈曲前钢管梁表现出稳定的滞回性能，局部屈曲后强度和延性表现出明显的退化，其程度取决于径厚比，与文献[40]结论相同。冷弯钢支撑和钢梁的低周反复加载试验，局部屈曲前构件都表现出稳定的滞回性能，局部屈曲后强度和延性表现出不同程度的退化，其程度取决于长细比和径厚比，其中长细比的影响更大一些。赵晓林等学者[82]对反复轴向荷载下冷弯矩形钢管支撑进行了试验研究，截面尺寸采用100 mm×50 mm×2 mm和100 mm×50 mm×4 mm，试件分为无填充材料和有填充材料两种。试验结果表明：混凝土抗压强度越高，延性指数越大；混凝土填充物增加了耗能能力，截面越薄越明显。赵晓林等学者[83]对反复弯矩作用下内有填充材料的冷轧成型方钢管梁的性能进行了试验和理论研究，截面尺寸分别为SHS 65 mm×65 mm×3.0 mm、SHS 65 mm×65 mm×2.5 mm、SHS 65 mm×65 mm×2.0 mm、采用四种不同强度和密度的填充材料。试验结果表明：填充材料明显地增加了方钢管梁的延性，极限弯矩承载力的增加主要取决于填充材料的强度，失效机构的形式取决于钢管的径厚比和填充材料的特性。

总体而言，对冷弯型钢构件的抗震性能研究主要集中在对冷弯薄壁构件（$t \leqslant 6$ mm）抗震性能的研究，对冷弯厚壁构件的滞回性能研究几乎是空白。因此，需对冷弯厚壁型钢基本构件的抗震性能进行系统的研究，得到其承载能力、滞回性能、延性与变形能力、刚度退化、耗能能力以及破坏模式，骨架曲线及相应的简化恢复力模型，再结合数值模拟，对其进行理论分析，提出适用于冷弯厚壁型钢构件抗震设计的性能参数，为其在抗震设防区的广泛应用提供理论基础和技术依据。

1.2.4 冷弯型钢承载性能数值模拟研究

目前，利用大型有限元软件ANSYS和ABAQUS对钢构件单调[84-85]和反复荷载[84-85]作用下的数值模拟技术已经比较成熟，Nip等[84]学者对冷弯薄壁支撑构件低周反复荷载作用下的数值模拟表明与已有的试验结果吻合较好。数值模拟的关键在于软件中参数的处理和实现，例如如何考虑初始局部和整体几何缺陷、残余应力、本构关系、冷弯效应、材质不均匀、端部支座等因素的影响，而其中部分因素又是基于试验基础上得到的，因此试验和数值模拟技术相辅相成、互相补充。

1.3 本书的主要研究内容

本书拟结合目前我国冷弯型钢生产的国情和应用的迫切需求，针对冷弯厚壁钢管压弯构件的抗震性能展开较系统的研究，主要包括以下内容。

（1）对冷弯厚壁钢管在典型成型工艺下代表性截面角部和平板部分进行材料性能试验和短柱试验，研究典型截面冷弯效应的水平及其对强度和延性的影响，并与相关规范公式进行比较，对我国《冷弯薄壁型钢结构技术规范》（GB 50018—2002）中考虑冷弯效应的屈服强度公式是否适用厚壁截面做出判定。

（2）通过对冷弯厚壁钢管典型抗震构件在反复荷载下的试验研究，研究其承载能力、滞回性能、延性与变形能力以及破坏模式，研究宽厚比、长细比及轴压比等主要参数对构件滞回性能的影响。

（3）同时基于构件的低周反复试验结果，进行理论分析与数值模拟；利用大型通用有限元程序建立精细模型，并进行参数分析。

（4）根据试验和参数分析结果，对压弯试件在地震作用下的破坏模式进行分类，并对各破坏模式，给出骨架曲线上各特征点的计算公式和构件的简化恢复力模型。

第2章

冷弯厚壁型钢典型截面材料性能研究

2.1 引言

目前，我国对壁厚为6 mm以上的冷弯型钢在结构设计时尚无相应技术标准可依。为考虑现有《冷弯薄壁型钢结构技术规范》（GB 50018—2002）中考虑冷弯效应的强度设计公式对厚壁适用与否，本节将根据本课题组已有的研究成果[86]和本章的试验结果，同时与国内外相关规范考虑冷弯效应强度提高的设计公式进行比较，以期得到可供使用的结论。

2.2 材性试验研究

2.2.1 试验概况

冷弯型钢材性试验可为后续的构件计算公式及其力学性能的研究提供材料性能依据和相应的材性分布模型。

材性试验的试件取自30种冷弯方形、矩形钢管截面的平板部位和弯角部位，总试件数为568个。对圆钢管，取自10种截面的圆周四等分处取样，其中一个试样带焊缝，总试件数为120个。材性试件在冷弯钢管上的位置如图2.1所示。

方形、矩形钢管为上海乙钢型钢有限公司和甲钢集团汉口轧钢厂生产的Q235B和Q345B冷弯钢管。试验中所选用的方形、矩形钢管采用“直接成方”工艺，即由母材卷板经辊轧压弯成型后，用单缝高频对焊而成，高频焊缝均位于矩形钢管的短边。在选择钢管时，综合考虑了材料强度、钢管形状、截面尺寸及壁厚等因素。圆钢管材料均为甲钢集团汉口轧钢厂生产的Q345B冷弯圆钢管。

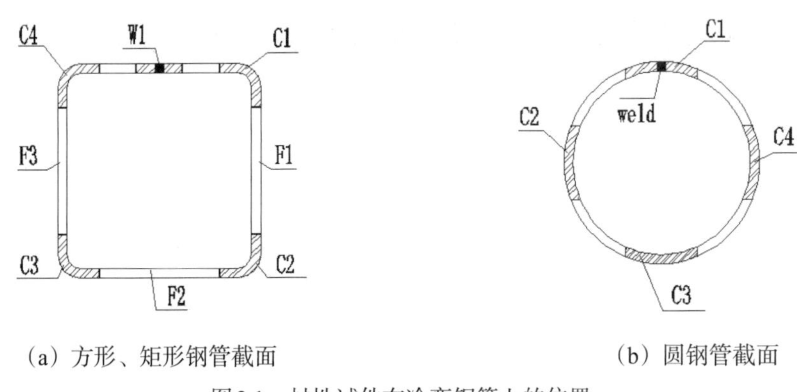

（a）方形、矩形钢管截面　　（b）圆钢管截面

图2.1　材性试件在冷弯钢管上的位置

所有试件均按《金属材料拉伸试验第1部分：室温试验方法》（GB/T 228.1—2021）[87]的规定制作。为了减少试验误差的影响，保证试验结果的可信度，每种试件取2个或3个。

平板试件沿钢管长度方向选取，试件形状及编号如图2.2（a）所示。采用的比例试样按照公式 $L_o=K\sqrt{A_o}$ 计算而得，其中 L_o 为试件标距段长度， A_o 为试件标距段截面面积，K 为系数，按短比例试样规定取K=5.65。试件加工成哑铃状，其中过渡段圆弧半径根据现有加工器械取R=30～45 mm。

弯角试件沿钢管长度方向选取。对弯角部位采取圆弧试件进行试验，弯角部位取样位置如图2.2（b）所示。

圆管弧形试件沿钢管长度方向选取，试件形状及编号如图2. 2（c）所示。采用的比例试样按照公式 $L_o=K\sqrt{A_o}$ 计算而得。试件加工成哑铃状。

方形、矩形钢管的试件编号原则为：A/B/C—钢材等级—截面类型代号—长边尺寸—厚度—试件编号。其中，A，B，C代表重复试件；钢材等级代号Q1、Q2分别表示屈服强度为235 MPa和345 MPa；截面类型代号S、R分别代表方钢管和矩形钢管；试件编号W1、F1-3、C1-4分别表示带焊缝试件、无焊缝平板试件和角部试件。

圆形钢管的试件编号原则为：A/B/C—截面类型代号—直径—厚度—试件编号。其中，A，B，C代表重复试件；C代表圆管；试件编号1、2～4分别表示带焊缝试件和无焊缝试件。

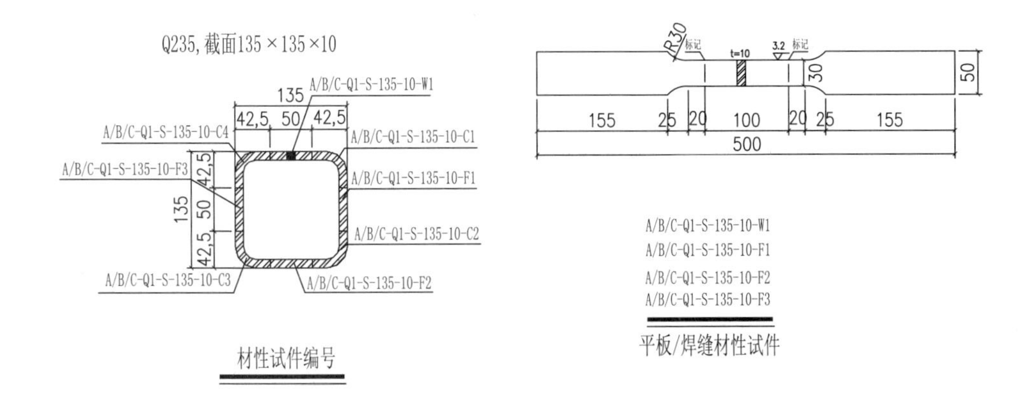

（a）方形、矩形钢管截面-平板材性试件

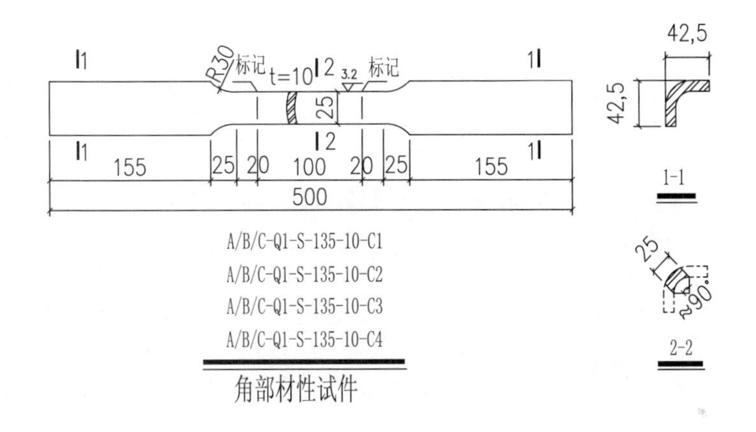

（b）方形、矩形钢管截面-角部材性试件

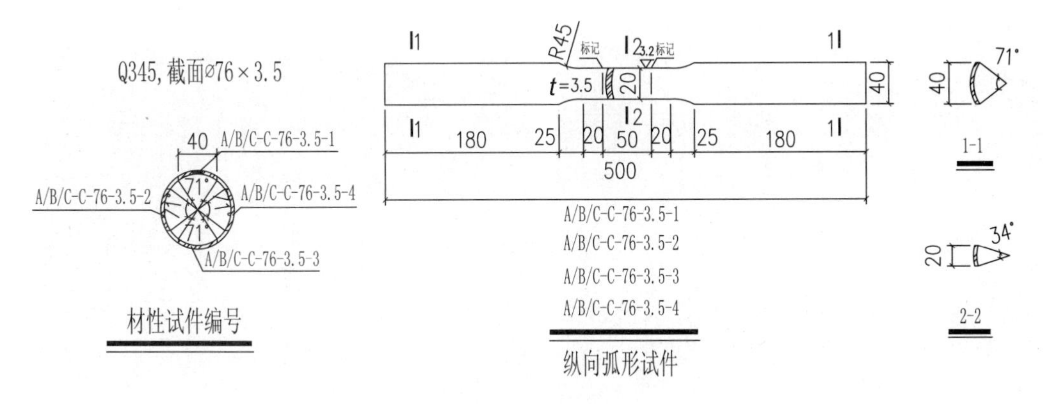

（c）圆钢管截面材性试件

图2.2　试件形状及编号

2.2.2 试验过程及现象

平板试件的试验在上海金艺材料检测技术有限公司的Zwick/Roell Z400E材性试验机上进行，试验速率按《金属材料室温拉伸试验方法》[87]的相关规定采用。试验采用平板夹具，并用电子引伸计全程记录标距段伸长量，以得到各试件从拉伸直至破坏全过程的荷载-应变关系，进而反映出材料的应力-应变关系。平板试件试验过程如图2.3所示，平板试件破坏图如图2.4所示。

（a）颈缩阶段

（b）断裂阶段

（c）带焊缝平板

图2.3　平板试件试验过程

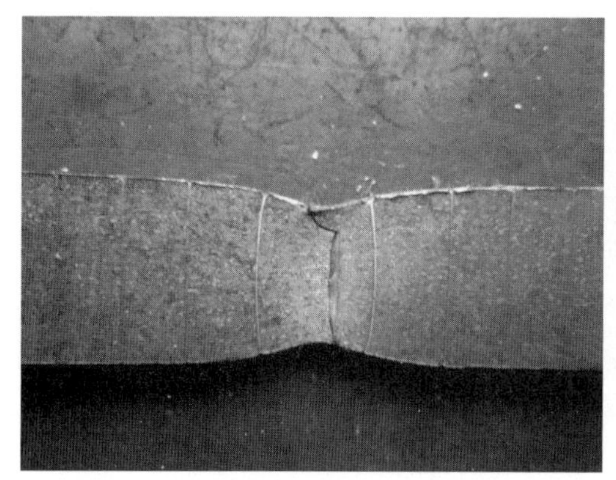

（a）平板试件断口

（b）焊缝断口

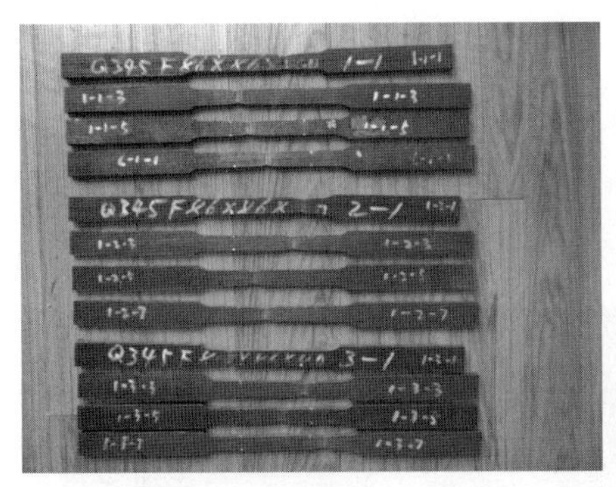

（c）同一种截面所有试件

图2.4　平板试件破坏图

弯角试件的试验在同济大学建筑工程系试验室的材性试验机上进行。为了受力均匀及便于夹持，试验前将弯角试件的两端打磨平整。采用在试件中点处内外表面各粘贴一个应变片来记录试件的应变值。弯角试件的试验过程如图2.5所示。图2.6给出了取自同一钢管截面的两组试件的断口情况。

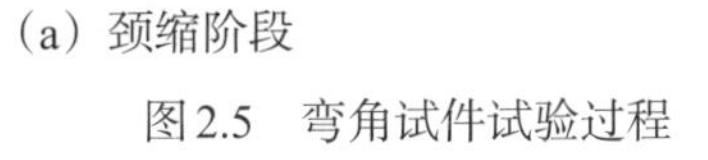

（a）颈缩阶段　　　　（b）断裂阶段

图2.5　弯角试件试验过程

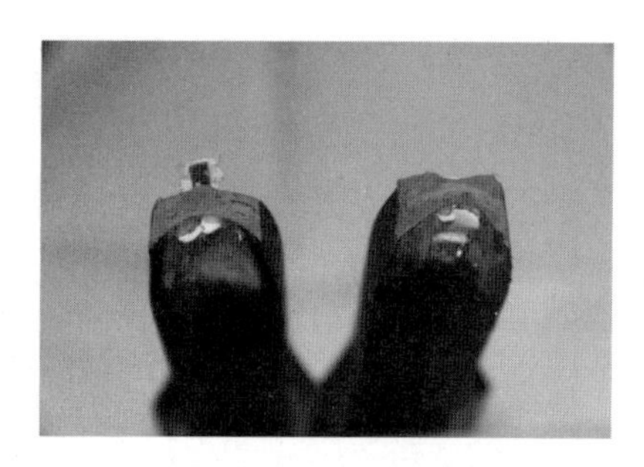

(a) 断口一

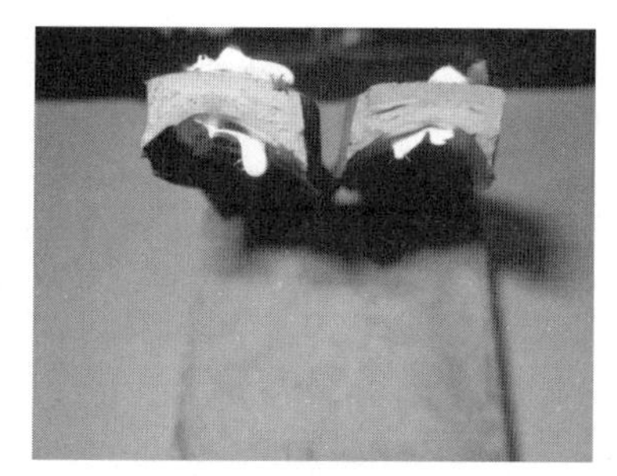

(b) 断口二

图2.6　弯角圆弧试验断口情况

部分圆管截面取样的24根圆弧试件的试验在同济大学建筑工程系试验室的材性试验机上进行，试验方法与弯角试件相同。其他圆弧试件共计96根分别在上海金艺材料检测技术有限公司的Zwick/Roell Z400E和Z2000材性试验机上进行。试验方法与平板试件相同。圆弧试件试验中、试验后及典型断口分别见图2.7、图2.8和2.9。

(a) 初始阶段

(b) 颈缩阶段

(c) 断裂阶段

图2.7　圆弧试件试验中

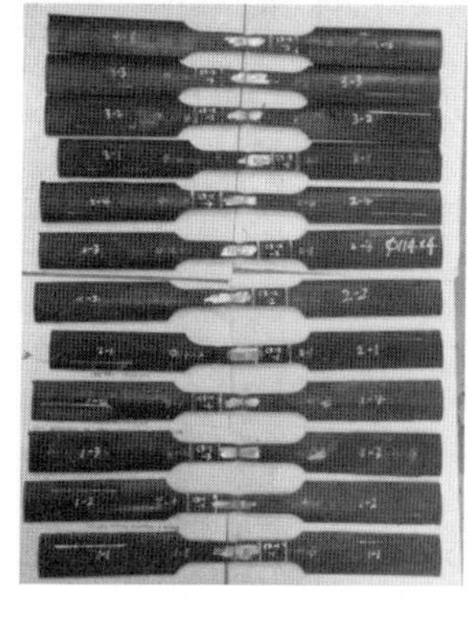

(a)

(b)

图2.8　圆弧试件试验后

(a)

(b)

图2.9　圆弧试件典型断口

2.2.3　材性试验结果

典型方钢管和圆钢管截面材性试件的应力-应变曲线分别见图2.10和图2.11。由图2.10可知，带焊缝平板试件的强度明显高于不带焊缝平板，而伸长率明显降低；角部四个区域中，试件C2和C3的强度略高于试件C1和C4。

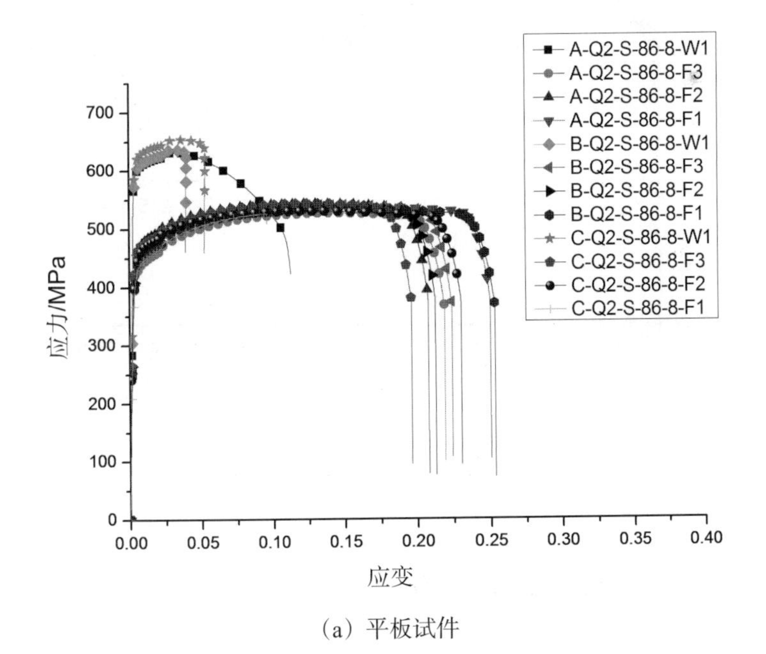

(a) 平板试件

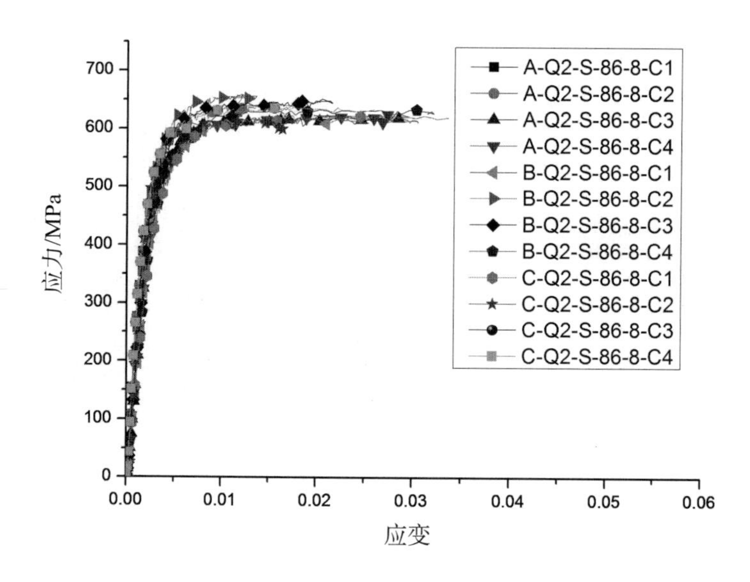

（b）弯角试件

图2.10　截面86-86-8的应力-应变曲线

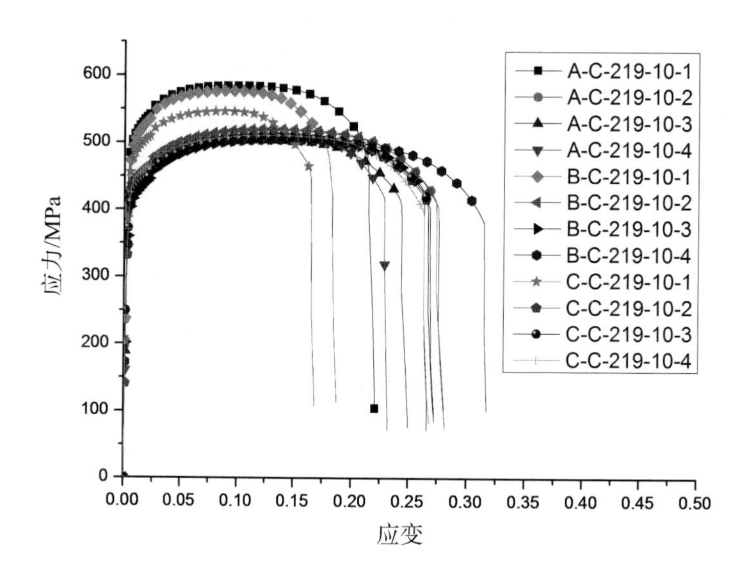

图2.11　截面C-219-10的应力-应变曲线

2.2.4　方形、矩形钢管截面强化分析

材性试件在方形、矩形钢管截面上取样位置及编号见图2.1。编号为F_1，F_2，F_3，W和C_i试件的屈服强度和极限强度分别用符号f_y^{F1}，f_y^{F2}，f_y^{F3}，f_y^{w}，f_y^{ci}和

f_u^{F1}，f_u^{F2}，f_u^{F3}，f_u^{w}，f_u^{ci} 表示。

（1）焊缝两邻边强度差异

在方形、矩形冷弯钢管加工过程中，两邻边处于完全对称的位置，并且受到的冷加工程度大致相同。因此，可初步认为焊缝两邻边间的强度差异很小。为验证此结论，定义如下参数：

$$\eta_y^{1,3}=\frac{\left|f_y^{F1}-f_y^{F3}\right|}{f_y^{min}} \tag{2.1}$$

$$f_y^{min}=\min\left\{f_y^{F1},f_y^{F3}\right\} \tag{2.2}$$

$$\eta_u^{1,3}=\frac{\left|f_u^{F1}-f_u^{F3}\right|}{f_u^{min}} \tag{2.3}$$

$$f_u^{min}=\min\left\{f_u^{F1},f_u^{F3}\right\} \tag{2.4}$$

甲钢和乙钢两个厂家各个截面焊缝两邻边强度差异系数 $\eta_y^{1,3}$ 、$\eta_u^{1,3}$ 见表2.1所示。

表2.1　焊缝两邻边强度差异系数及均值

序号	截面规格	钢材等级	来源	$\eta_y^{1,3}$	$\eta_u^{1,3}$	$\overline{f_y}$ /MPa	$\overline{f_u}$ /MPa	γ_p
1	86×86×8	Q345	甲钢	2.43%	0.37%	424.93	535.19	1.259
2	160×80×8	Q345	甲钢	0.21%	0.84%	416.43	560.85	1.347
3	200×80×7.75	Q345	甲钢	1.09%	0.69%	359.78	514.00	1.429
4	108×108×10	Q345	甲钢	1.06%	0.91%	425.39	518.29	1.218
5	118×118×10	Q345	甲钢	0.32%	0.48%	375.72	521.32	1.388
6	250×250×8	Q345	甲钢	0.28%	0.17%	388.30	543.52	1.400
7	140×100×7.5	Q345	甲钢	3.86%	1.70%	381.19	557.54	1.463
8	200×100×8	Q345	甲钢	3.15%	0.97%	404.54	549.39	1.358
9	120×50×4	Q345	甲钢	0.73%	0.37%	304.18	435.38	1.431
10	135×135×10	Q235	甲钢	0.86%	0.26%	298.60	404.94	1.356
11	135×135×12	Q235	甲钢	0.62%	2.13%	388.99	519.32	1.335
12	220×220×10	Q235	甲钢	3.75%	0.44%	335.03	445.72	1.330
13	250×250×8	Q345	乙钢	3.41%	2.43%	361.60	536.69	1.484

续表

序号	截面规格	钢材等级	来源	$\eta_y^{1,3}$	$\eta_u^{1,3}$	$\overline{f_y}$/MPa	$\overline{f_u}$/MPa	γ_p
14	300×200×8	Q345	乙钢	0.71%	0.77%	332.80	509.71	1.532
15	108×108×10	Q345	乙钢	1.84%	3.19%	434.55	544.40	1.253
16	120×120×10	Q345	乙钢	6.44%	0.77%	412.68	553.92	1.342
17	135×135×10	Q345	乙钢	2.99%	0.96%	415.64	568.51	1.368
18	220×220×10	Q345	乙钢	1.21%	1.30%	381.00	514.27	1.350
19	400×200×10	Q345	乙钢	3.67%	0.89%	343.59	528.65	1.539
20	350×250×11.5	Q345	乙钢	2.20%	0.67%	402.79	526.91	1.308
21	350×350×12	Q345	乙钢	7.74%	5.54%	380.97	528.45	1.387
22	350×250×12	Q345	乙钢	1.35%	0.98%	319.92	500.51	1.564
23	350×350×16	Q345	乙钢	0.02%	0.64%	422.73	568.26	1.344
24	500×500×16	Q345	乙钢	0.27%	0.28%	337.34	522.23	1.548
25	300×300×8	Q345	乙钢	1.23%	0.07%	398.27	495.60	1.244
26	220×220×16	Q235	乙钢	5.69%	1.25%	284.70	425.16	1.493
27	108×108×10	Q235	乙钢	1.78%	0.97%	401.54	473.21	1.178
28	220×220×10	Q235	乙钢	5.73%	0.02%	281.95	439.33	1.558
29	350×350×14	Q235	乙钢	2.15%	1.25%	287.73	432.20	1.502
30	250×250×16	Q235	乙钢	0.43%	0.65%	368.02	481.84	1.309
均值	甲钢			1.53%	0.78%			
	乙钢			2.71%	1.26%			
	甲钢&乙钢			2.24%	1.06%			
标准差	甲钢			0.014	0.006			
	乙钢			0.023	0.013			
	甲钢&乙钢			0.020	0.011			
均值	Q235					330.82	452.71	1.383
	Q345					382.92	528.80	1.389

续表

序号	截面规格	钢材等级	来源	$\eta_y^{1,3}$	$\eta_u^{1,3}$	$\overline{f_y}$ /MPa	$\overline{f_u}$ /MPa	γ_p
变异系数	Q235					0.150	0.08	0.091
	Q345					0.098	0.06	0.073

由表2.1可知，两邻边的屈服强度和极限强度差异都很小，$\eta_y^{1,3}$ 和 $\eta_u^{1,3}$ 的变化范围分别是0.02%～7.74%和0.02%～5.54%。因此，可用两邻边的平均值作为平板部位的代表值，各个截面的平均屈服强度 $\overline{f_y}$ 和平均极限强度 $\overline{f_u}$ 见表2.1所列。其中，

$$\overline{f_y}=\frac{f_y^{\mathrm{F1}}+f_y^{\mathrm{F3}}}{2} \tag{2.5}$$

$$\overline{f_u}=\frac{f_u^{\mathrm{F1}}+f_u^{\mathrm{F3}}}{2} \tag{2.6}$$

$$\gamma_p=\frac{\overline{f_u}}{\overline{f_y}} \tag{2.7}$$

强屈比是衡量钢材强度储备的一个系数，强屈比越大，钢材的安全储备愈大[88]。由表2.1可知，两邻边均值的强屈比对Q235和Q345钢，其均值分别是1.383和1.389。图2.12给出强屈比随型钢中心线长度（取型钢截面积与其厚度的比值）与弯角内径之比、宽厚比以及弯角内径与厚度之比的关系。

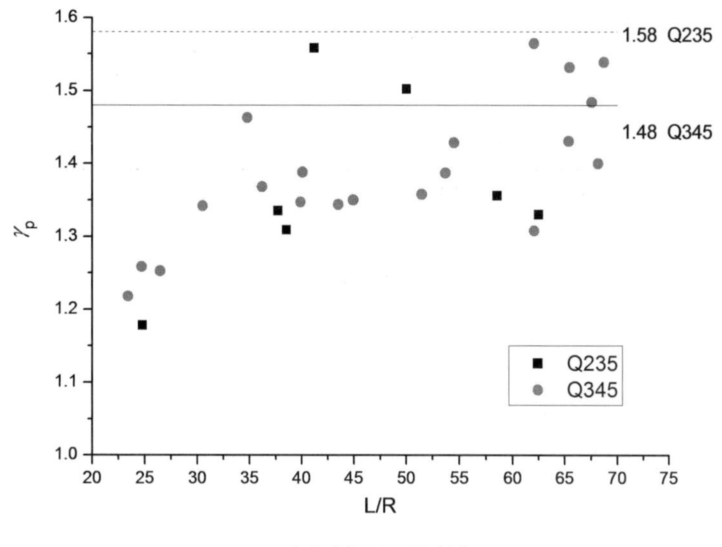

（a）随 L/R 的变化

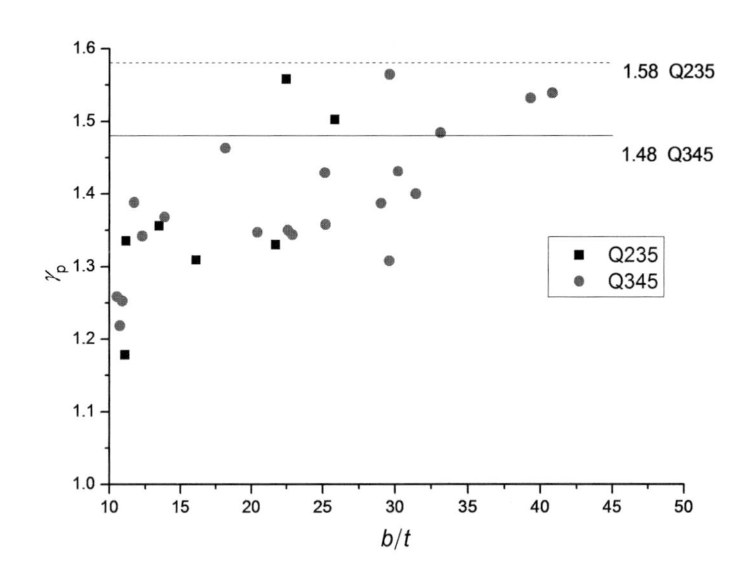

（b）随 b/t 的变化

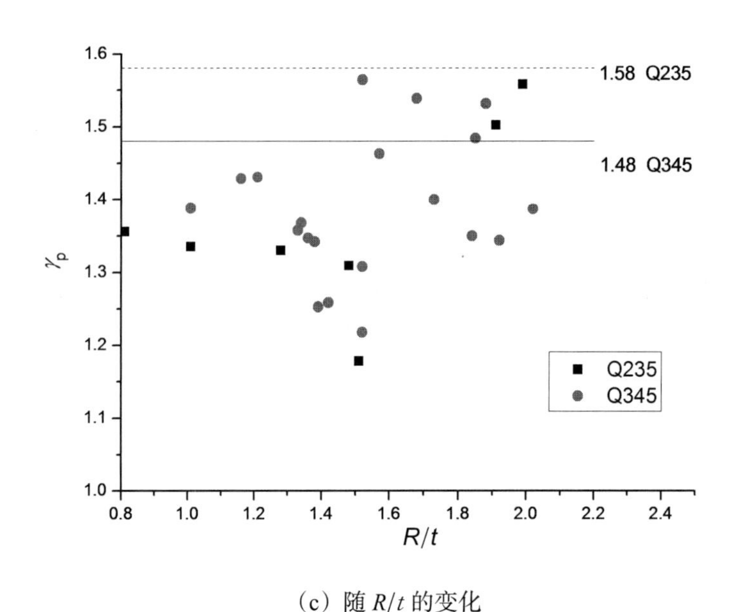

（c）随 R/t 的变化

图2.12　平板强屈比与各参数关系

由图2.12可得出如下结论：

①对Q235和Q345钢材，冷弯型钢平板部位强屈比达不到规范给定的值1.58和1.48。

②冷弯型钢平板部位强屈比与钢材等级和弯角径厚比无关。

③冷弯型钢平板部位强屈比与截面宽度和周长有关，且随着宽度和周长的增大而增大。这是因为截面越宽表示钢管尺寸越大，此时进行冷加工比小截面的钢管更容易，从而对截面造成的影响更小。因此，屈服点提高的程度小一些。

（2）焊缝对边强化

一般而言，冷弯钢管截面不同位置处材料的力学性能不同，并且由于冷加工程度的不同，导致焊缝对面的强度比焊缝邻边的高[89]。表2.2中给出了焊缝对边相对于邻边的强化系数，表中的 $\alpha_{f_y}^{F2}$ 和 $\alpha_{f_u}^{F2}$ 分别为焊缝对边的屈服强度 f_y 和极限强度 f_u 相对于邻边的强化系数。图2.13给出了焊缝对面平板强度强化系数随 b/t 的变化情况。

表2.2　焊缝边、焊缝对边及角部强度相对于焊缝邻边的强化系数

序号	截面规格	$\alpha_{f_y}^{F2}$	$\alpha_{f_u}^{F2}$	$\alpha_{f_y}^{c}$	$\alpha_{f_u}^{c}$	$\alpha_{f_y}^{w}$	$\alpha_{f_u}^{w}$
1	86×86×8	−0.28%	0.17%	31.46%	17.83%	42.09%	19.61%
2	160×80×8	20.20%	4.40%	38.99%	15.25%	33.06%	11.57%
3	200×80×7.75	29.39%	4.89%	51.58%	16.15%	54.17%	21.52%
4	108×108×10	6.55%	−0.14%	35.46%	19.08%	31.45%	13.18%
5	118×118×10	14.57%	0.58%	45.58%	16.45%	35.31%	9.40%
6	250×250×8	0.87%	−0.34%	44.23%	14.24%	38.87%	15.72%
7	140×100×7.5	15.84%	0.47%	53.52%	14.66%	36.85%	10.10%
8	200×100×8	19.86%	3.11%	49.58%	20.48%	40.53%	16.42%
9	120×50×4	19.70%	−2.23%	59.90%	15.73%	45.92%	10.75%
10	135×135×10	11.44%	−1.37%	42.33%	12.09%	50.61%	29.21%
11	135×135×12	2.65%	2.86%	33.78%	12.48%	41.21%	14.85%
12	220×220×10	2.01%	0.64%	45.94%	20.88%	32.27%	16.33%
13	250×250×8	4.75%	1.04%	44.02%	12.18%	39.42%	10.09%
14	300×200×8	6.68%	0.21%	48.30%	11.77%	42.39%	11.19%
15	108×108×10	24.08%	16.50%	19.21%	12.07%	30.64%	18.50%
16	120×120×10	1.49%	−1.83%	29.30%	13.71%	37.56%	14.75%
17	135×135×10	3.73%	−1.43%	30.09%	12.68%	31.20%	10.34%

续表

序号	截面规格	$\alpha_{f_y}^{F2}$	$\alpha_{f_u}^{F2}$	$\alpha_{f_y}^{c}$	$\alpha_{f_u}^{c}$	$\alpha_{f_y}^{w}$	$\alpha_{f_u}^{w}$
18	220×220×10	4.75%	−0.14%	41.61%	17.82%	36.62%	17.33%
19	400×200×10	14.83%	1.84%	54.02%	16.52%	52.54%	16.65%
20	350×250×11.5	−0.39%	−0.78%	29.81%	11.94%	28.39%	11.42%
21	350×350×12	−2.02%	−2.14%	40.30%	12.44%	39.93%	16.90%
22	350×250×12	13.61%	0.06%	54.00%	14.78%	48.93%	18.40%
23	350×350×16	−1.67%	0.68%	35.07%	15.06%	36.74%	13.24%
24	500×500×16	7.58%	1.30%	54.29%	9.11%	32.55%	12.74%
25	300×300×8	0.29%	1.74%	36.88%	20.74%	17.44%	8.40%
26	220×220×16	9.89%	−0.97%	47.91%	9.65%	49.12%	14.53%
27	108×108×10	2.23%	1.29%	23.33%	18.53%	26.47%	17.34%
28	220×220×10	4.72%	−0.80%	56.58%	14.82%	48.30%	12.68%
29	350×350×14	10.01%	1.90%	53.34%	16.25%	45.24%	16.46%
30	250×250×16	6.64%	2.98%	31.17%	18.56%	33.08%	16.75%
均值	甲钢	11.90%	1.09%	44.36%	16.28%	40.20%	15.72%
	乙钢	6.18%	1.19%	40.51%	14.37%	37.59%	14.32%
	甲钢&乙钢	8.47%	1.15%	42.05%	15.13%	38.63%	14.88%
标准差	甲钢	0.096	0.022	0.085	0.028	0.072	0.057
	乙钢	0.066	0.041	0.117	0.032	0.092	0.031
	甲钢&乙钢	0.083	0.034	0.106	0.032	0.084	0.043

表2.2中，各符号含义如下：

$$\alpha_{f_y}^{F2}=\frac{f_y^{F2}-\bar{f}_y}{\bar{f}_y} \tag{2.8}$$

$$\alpha_{f_u}^{F2}=\frac{f_u^{F2}-\bar{f}_u}{\bar{f}_u} \tag{2.9}$$

$$\alpha_{f_y}^{\mathrm{W}} = \frac{f_y^{\mathrm{W}} - \bar{f}_y}{\bar{f}_y} \tag{2.10}$$

$$\alpha_{f_u}^{\mathrm{W}} = \frac{f_u^{\mathrm{W}} - \bar{f}_u}{\bar{f}_u} \tag{2.11}$$

$$\alpha_{f_y}^{\mathrm{c}} = \frac{\overline{f_y^{\mathrm{c}}} - \bar{f}_y}{\bar{f}_y} \tag{2.12}$$

$$\alpha_{f_u}^{\mathrm{c}} = \frac{\overline{f_u^{\mathrm{c}}} - \bar{f}_u}{\bar{f}_u} \tag{2.13}$$

$$\overline{f_y^{\mathrm{c}}} = \frac{\sum_{i=1}^{4} f_y^{\mathrm{ci}}}{4} \tag{2.14}$$

$$\overline{f_u^{\mathrm{c}}} = \frac{\sum_{i=1}^{4} f_u^{\mathrm{ci}}}{4} \tag{2.15}$$

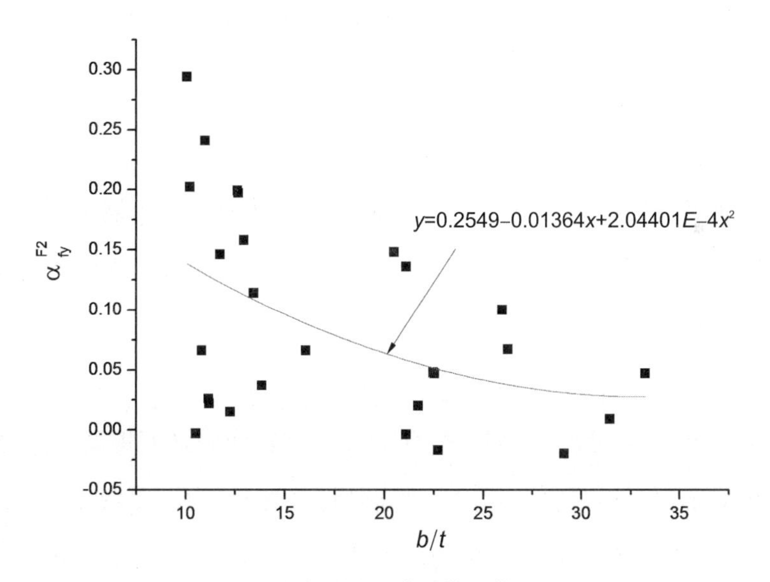

（a）屈服强度强化系数

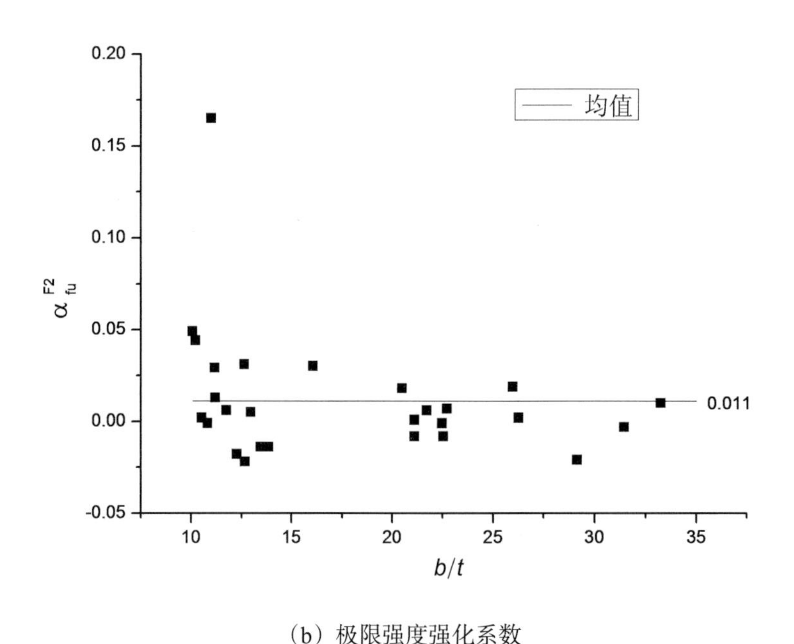

（b）极限强度强化系数

图2.13　焊缝对面平板强度强化系数随 b/t 的变化情况

由图2.13分析可得如下内容。

①焊缝对面平板屈服强度强化系数随宽厚比的增大而减小；

②焊缝对面平板极限强度除了1个异常点外，其他比邻边极限强度提高很小，最大值仅为5%，均值为1.1%。可以认为焊缝对面平板的极限强度与邻边的相同，并且与宽厚比无关。

（3）角部强化

众所周知，冷弯型钢经过冷加工过程会导致材料屈服强度提高，同时材料的伸长率和断面收缩率都有所降低，综合这些影响，我们称为“冷弯效应”。冷弯效应尤其集中在弯角部位。角部相对于邻边的强化系数见表2.2，表中的 $\alpha_{f_y}^{C}$ 和 $\alpha_{f_u}^{C}$ 分别为角部的屈服强度 f_y 和极限强度 f_u 相对于邻边的强化系数。图2.14～图2.16给出了角部强度强化系数随各参数的变化情况。

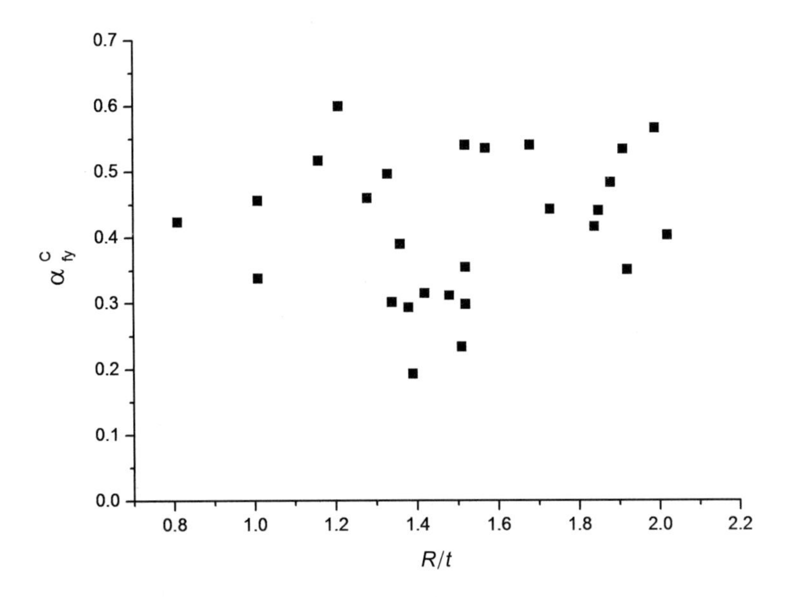

(a) 屈服强度强化系数

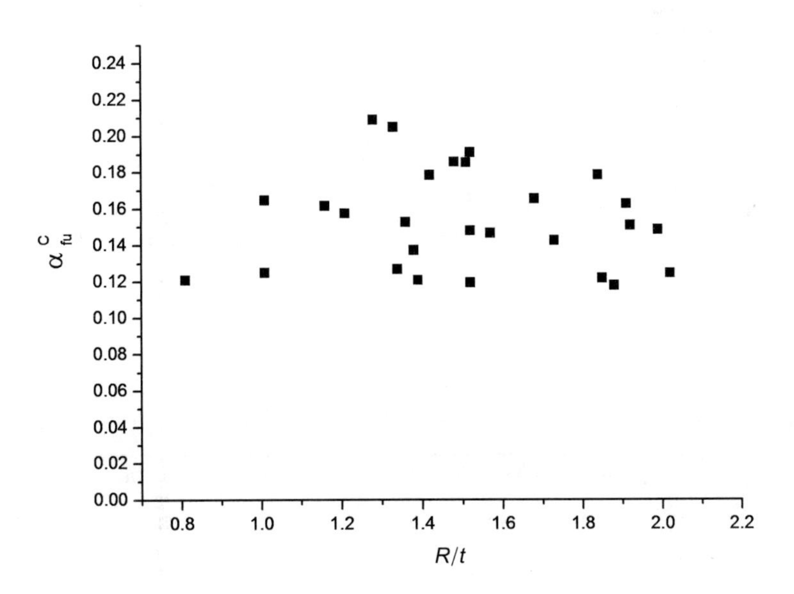

(b) 极限强度强化系数

图2.14　角部强度强化系数随 R/t 的变化情况

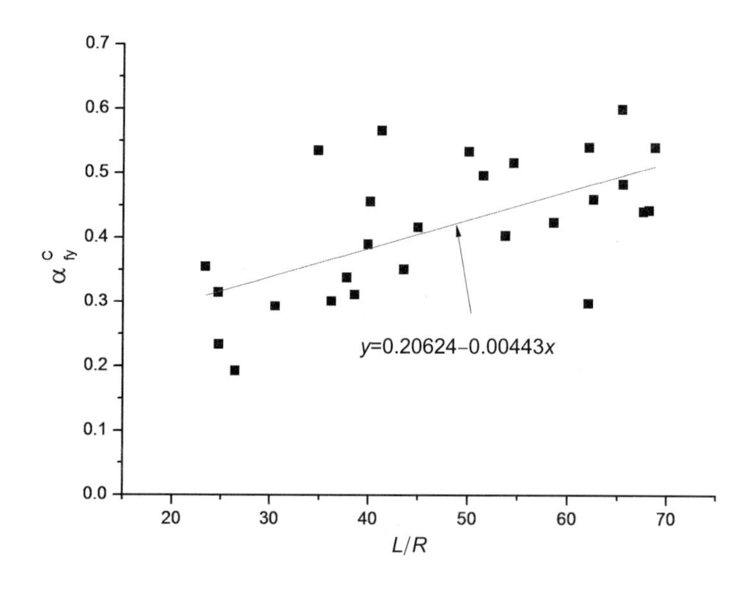

（a）屈服强度强化系数

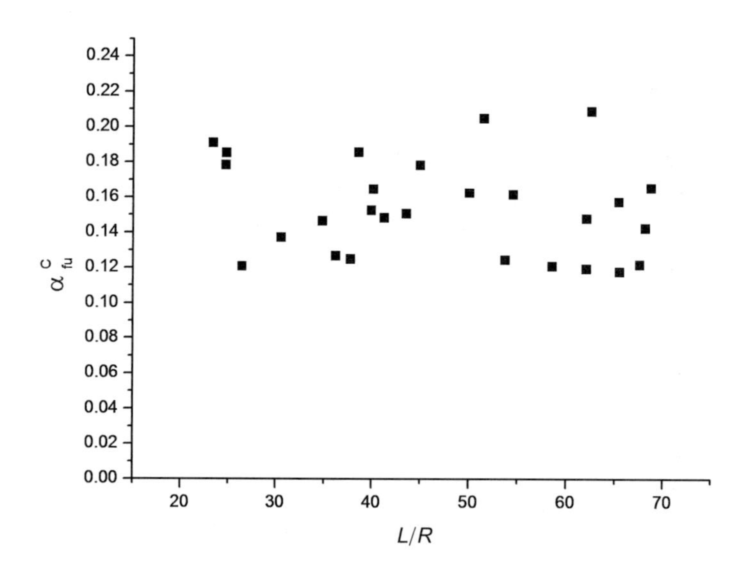

（b）极限强度强化系数

图2.15　角部强度强化系数随 L/R 的变化情况

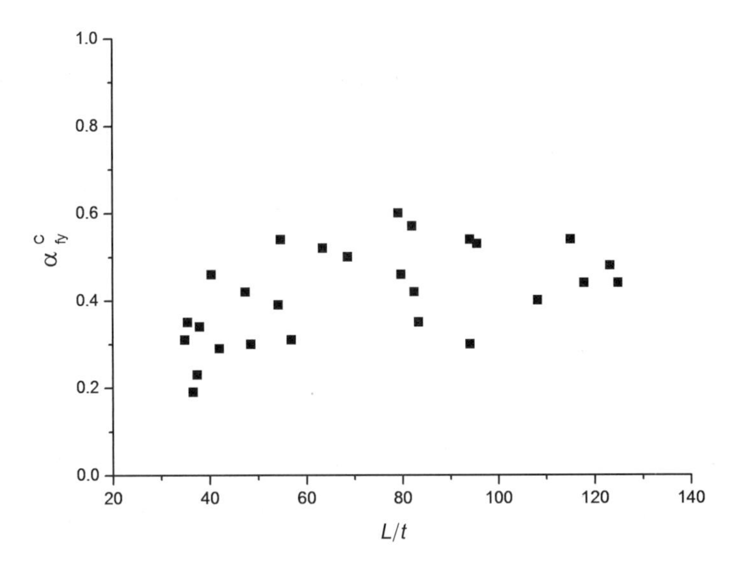

(a) 屈服强度强化系数

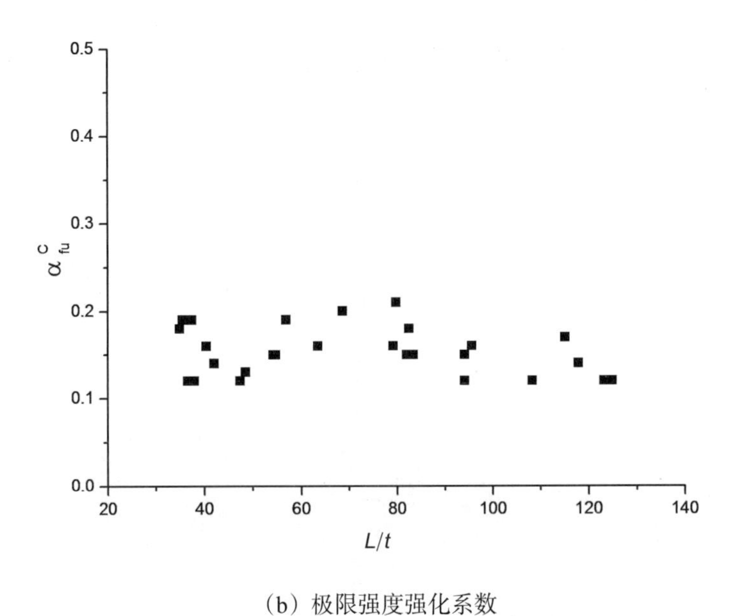

(b) 极限强度强化系数

图2.16 角部强度强化系数随 L/t 的变化情况

由图2.14～2.16分析可得出如下结论。

①角部屈服强度强化系数随型钢中心线长与弯角内径之比 L/R 的增大而增大，与弯角径厚比 R/t 和型钢中心线长与厚度之比 L/t 的关系不明显。

②角部极限强度的提高与各个参数无关。

（4）焊缝平板强化

焊缝平板相对于邻边的强化系数见表2.2所列，表中的 $\alpha_{f_y}^{w}$ 和 $\alpha_{f_u}^{w}$ 分别为焊缝平板的屈服强度 f_y 和极限强度 f_u 相对于邻边的强化系数。由表可知，焊缝的屈服强度和极限强度提高系数范围分别为17.44%～54.17%和8.40%～29.21%，平均强化系数分别为38.63%和14.88%。

2.2.5　圆钢管截面强化分析

材性试件在圆管截面上取样位置见图2.1。编号为C_1，C_2，C_3和C_4处的屈服强度和极限强度分别用符号 $f_{\text{ycir}}^{\text{C1}}$， $f_{\text{ycir}}^{\text{C2}}$， $f_{\text{ycir}}^{\text{C3}}$， $f_{\text{ycir}}^{\text{C4}}$ 和 $f_{\text{ucir}}^{\text{C1}}$， $f_{\text{ucir}}^{\text{C2}}$， $f_{\text{ucir}}^{\text{C3}}$， $f_{\text{ucir}}^{\text{C4}}$ 表示。

在圆钢管中，不含焊缝圆弧的强度差异系数、含焊缝圆弧的强度强化系数见表2.3所列。表中各参数表达式如下：

$$\overline{f_{\text{ycir}}}=\frac{f_{\text{ycir}}^{\text{C2}}+f_{\text{ycir}}^{\text{C3}}+f_{\text{ycir}}^{\text{C4}}}{3} \tag{2.16}$$

$$\overline{f_{\text{ucir}}}=\frac{f_{\text{ucir}}^{\text{C2}}+f_{\text{ucir}}^{\text{C3}}+f_{\text{ucir}}^{\text{C4}}}{3} \tag{2.17}$$

$$\gamma_{\text{cir}}=\frac{\overline{f_{\text{ucir}}}}{\overline{f_{\text{ycir}}}} \tag{2.18}$$

$$\alpha_{f_{\text{ycir}}}^{\text{C1}}=\frac{f_{\text{ycir}}^{\text{C1}}-\overline{f_{\text{ycir}}}}{\overline{f_{\text{ycir}}}} \tag{2.19}$$

$$\alpha_{f_{\text{ycir}}}^{\text{C2}}=\frac{f_{\text{ycir}}^{\text{C2}}-\overline{f_{\text{ycir}}}}{\overline{f_{\text{ycir}}}} \tag{2.20}$$

$$\alpha_{f_{\text{ycir}}}^{\text{C3}}=\frac{f_{\text{ycir}}^{\text{C3}}-\overline{f_{\text{ycir}}}}{\overline{f_{\text{ycir}}}} \tag{2.21}$$

$$\alpha_{f_{\text{ycir}}}^{\text{C4}}=\frac{f_{\text{ycir}}^{\text{C4}}-\overline{f_{\text{ycir}}}}{\overline{f_{\text{ycir}}}} \tag{2.22}$$

$$\alpha_{f_{\text{ucir}}}^{\text{C1}}=\frac{f_{\text{ucir}}^{\text{C1}}-\overline{f_{\text{ucir}}}}{\overline{f_{\text{ucir}}}} \tag{2.23}$$

$$\alpha_{f_{\text{ucir}}}^{\text{C2}}=\frac{f_{\text{ucir}}^{\text{C2}}-\overline{f_{\text{ucir}}}}{\overline{f_{\text{ucir}}}} \tag{2.24}$$

$$\alpha_{f_{\text{ucir}}}^{\text{C3}}=\frac{f_{\text{ucir}}^{\text{C3}}-\overline{f_{\text{ucir}}}}{\overline{f_{\text{ucir}}}} \tag{2.25}$$

$$\alpha_{f_{\text{ucir}}}^{\text{C4}}=\frac{f_{\text{ucir}}^{\text{C4}}-\overline{f_{\text{ucir}}}}{\overline{f_{\text{ucir}}}} \tag{2.26}$$

表2.3　圆钢管强度差异系数及焊缝平板强度强化系数

序号	截面规格	$\alpha_{f_{\text{ycir}}}^{\text{C2}}$	$\alpha_{f_{\text{ycir}}}^{\text{C4}}$	$\alpha_{f_{\text{ycir}}}^{\text{C3}}$	$\alpha_{f_{\text{ucir}}}^{\text{C2}}$	$\alpha_{f_{\text{ucir}}}^{\text{C4}}$	$\alpha_{f_{\text{ucir}}}^{\text{C3}}$	$\alpha_{f_{\text{ycir}}}^{\text{C1}}$	$\alpha_{f_{\text{ucir}}}^{\text{C1}}$	γ_{cir}
1	D76×3.5	2.10%	0.01%	2.11%	1.84%	0.24%	1.60%	17.41%	17.55%	1.21
2	D114×3	0.92%	2.43%	1.50%	0.39%	0.62%	1.01%	18.46%	7.16%	1.31
3	D114×4	0.10%	1.89%	1.79%	1.41%	1.65%	0.24%	13.47%	3.41%	1.26
4	D139.7×5	6.11%	1.48%	4.62%	1.15%	1.07%	0.09%	13.70%	7.99%	1.23
5	D159×8	0.02%	1.93%	1.96%	1.34%	2.25%	0.91%	9.92%	1.44%	1.28
6	D219×6	2.21%	1.98%	0.23%	0.63%	1.33%	0.70%	33.67%	4.58%	1.36
7	D219×10	3.01%	0.80%	2.22%	1.38%	2.90%	1.51%	13.29%	5.45%	1.26
8	D245×10.3	2.00%	0.07%	1.94%	0.85%	0.51%	0.34%	−6.84%	−0.15%	1.13
9	D323.9×10	2.50%	0.97%	3.47%	0.56%	0.59%	0.04%	4.86%	1.81%	1.19
10	D426×16	0.60%	3.66%	3.06%	1.48%	1.27%	0.22%	36.76%	22.60%	1.21
均值		1.96%	1.52%	2.29%	1.10%	1.24%	0.67%	15.47%	7.18%	1.24
标准差		0.02	0.01	0.01	0.00	0.01	0.01	0.13	0.07	0.07

分析表2.3可得：

①不含焊缝的3个圆弧的屈服强度和极限强度均比较接近，均值的最大偏差分别为2.29%和1.24%。

②含焊缝圆弧的屈服强度和极限强度均有显著提高，强化系数均值分别为15.47%和7.18%。

2.2.6 强度及延性分布模型

结合材性试验研究结果，可以提出截面上不同位置的强度及伸长率等力学性能的分布模型。

（1）方形、矩形钢管截面

方、矩形钢管截面的屈服强度、极限强度、强屈比和伸长率沿截面的分布模型如图2.17所示。由图可见，角部的屈服强度和极限强度比焊缝邻边平板处均有较大提高，提高率分别为42%和15%；而伸长率明显降低，降低率为44%。另外，由于角部屈服强度提高，导致角部强屈比减小为1.12。各截面的伸长率具体值见表2.4所列，其中δ^{F}、δ^{W}、δ^{C}分别表示未含焊缝平板、含焊缝平板和角部的伸长率。

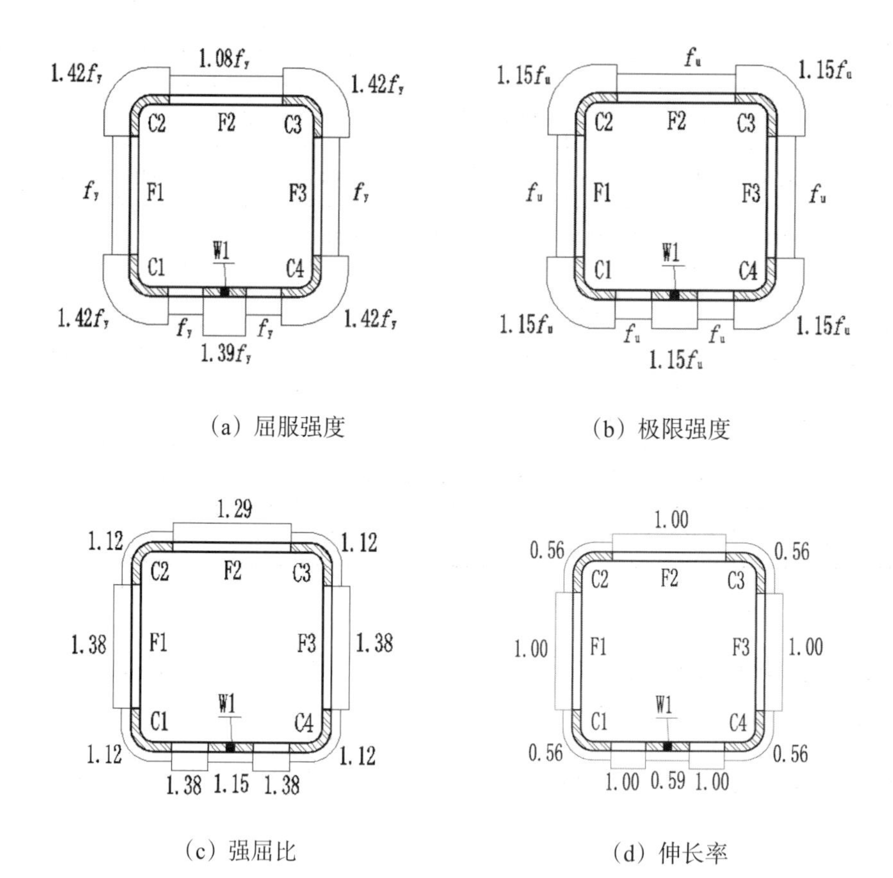

（a）屈服强度　（b）极限强度

（c）强屈比　（d）伸长率

图2.17　方形、矩形钢管截面强度及延性分布模型

表2.4 方形、矩形钢管伸长率汇总表

序号	截面规格	钢材等级	来源	δ^{F}	δ^{w}	δ^{c}	备注
1	86×86×8	Q345	甲钢	0.31	0.16	0.15	
2	160×80×8	Q345	甲钢	0.28	-	0.17	
3	200×80×7.75	Q345	甲钢	0.33	-	0.17	
4	108×108×10	Q345	甲钢	0.27	0.17	0.13	
5	118×118×10	Q345	甲钢	0.31	0.20	0.16	
6	250×250×8	Q345	甲钢	0.31	0.23	0.15	
7	140×100×7.5	Q345	甲钢	0.29	0.19	0.15	
8	200×100×8	Q345	甲钢	0.26	0.17	0.13	
9	120×50×4	Q345	甲钢	0.40	-	-	
10	135×135×10	Q235	甲钢	0.35	0.21	0.18	
11	135×135×12	Q235	甲钢	0.30	0.19	0.15	
12	220×220×10	Q235	甲钢	0.32	0.21	0.14	
13	250×250×8	Q345	乙钢	0.31	0.17	0.18	
14	300×200×8	Q345	乙钢	0.32	0.22	0.20	
15	108×108×10	Q345	乙钢	0.29	0.13	0.14	
16	120×120×10	Q345	乙钢	0.30	0.15	0.17	
17	135×135×10	Q345	乙钢	0.27	0.22	0.15	
18	220×220×10	Q345	乙钢	0.34	0.22	0.16	
19	400×200×10	Q345	乙钢	0.33	0.19	0.19	
20	350×250×11.5	Q345	乙钢	0.29	0.22	0.16	
21	350×350×12	Q345	乙钢	0.29	0.19	0.16	
22	350×250×12	Q345	乙钢	0.33	0.20	0.19	
23	350×350×16	Q345	乙钢	0.29	0.15	0.15	
24	500×500×16	Q345	乙钢	0.32	0.13	0.25	
25	300×300×8	Q345	乙钢	0.35	0.21	0.14	
26	220×220×16	Q235	乙钢	0.36	0.24	0.25	
27	108×108×10	Q235	乙钢	0.31	0.16	0.16	
28	220×220×10	Q235	乙钢	0.39	0.24	0.23	
29	350×350×14	Q235	乙钢	0.34	0.20	0.21	
30	250×250×16	Q235	乙钢	0.26	0.19	0.16	
均值				0.31	0.19	0.17	未包含120×50×4
标准差				0.03	0.03	0.03	

（2）圆钢管截面

圆钢管截面的屈服强度、极限强度、强屈比、伸长率和断面收缩率沿截面的分布模型见图2.18。由图可见，含焊缝圆弧的屈服强度和极限强度比不含焊缝圆弧有较大提高，提高率分别为15%和7%；而伸长率明显降低，降低率为24%；含焊缝圆弧的断面收缩率也略有降低，降低率为6%。不含焊缝部位和含焊缝处的强屈比分别取1.24和1.16。各截面的伸长率和断面收缩率具体值见表2.5所列，其中δ^{W}、δ^{c}分别表示含焊缝圆弧和不含焊缝圆弧的伸长率；ψ^{w}、ψ^{c}分别表示含焊缝圆弧和不含焊缝圆弧的断面收缩率。

表2.5　圆钢管各部位伸长率及断面收缩率汇总表

序号	截面规格	δ^{w}	δ^{c}	ψ^{w}	ψ^{c}
1	D76×3.5	0.16	0.31	0.60	0.71
2	D114×3	0.21	0.26	0.57	0.69
3	D114×4	0.15	0.30	—	—
4	D139.7×5	0.25	0.26	0.67	0.65
5	D159×8	0.21	0.31	0.62	0.61
6	D219×6	0.26	0.32	0.64	0.66
7	D219×10	0.24	0.29	0.51	0.60
8	D245×10.3	0.25	0.23	0.60	0.68
9	D323.9×10	0.24	0.26	0.66	0.72
10	D426×16	0.19	0.31	0.69	0.64
均值		0.22	0.29	0.62	0.66
标准差		0.04	0.03	0.06	0.04

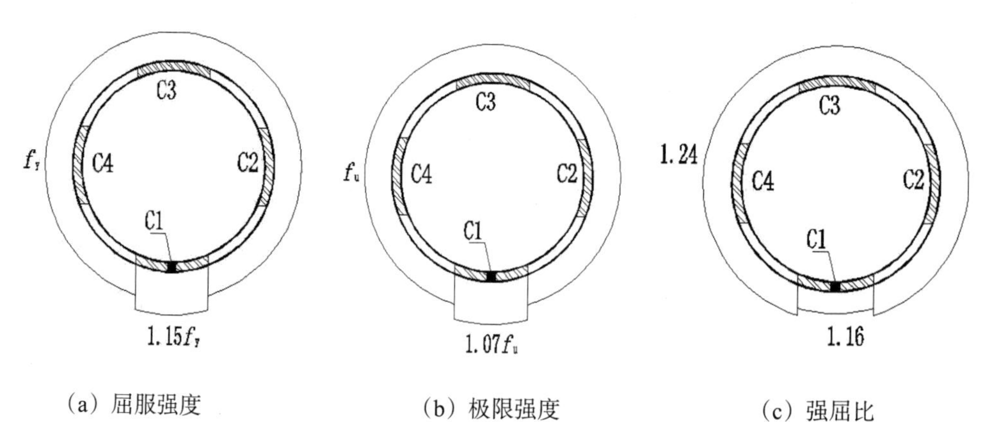

（a）屈服强度　　（b）极限强度　　（c）强屈比

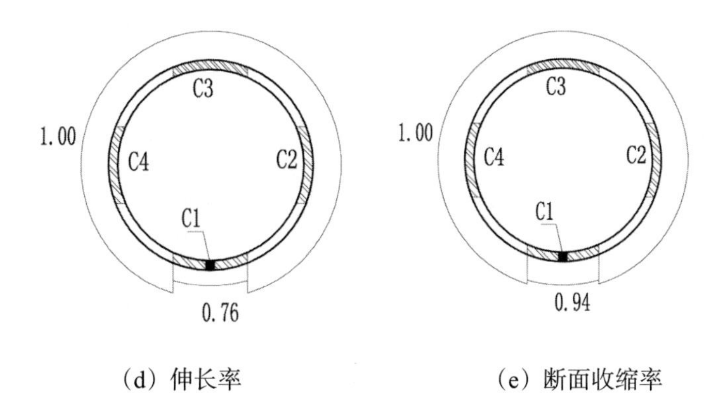

（d）伸长率　　　　（e）断面收缩率

图2.18　圆钢管截面强度、伸长率及断面收缩率的分布模型

2.3　典型截面短柱试验研究

2.3.1　试验概况

短柱试验既能确定整个截面的平均屈服强度和应力应变关系，又可以反映残余应力对压杆性能的影响。一方面，短柱试件长度的选取应避免发生整体屈曲，因此不能太长；另一方面，短柱也应该足够长以保证沿构件各处具有一致的应力分布，减小端部过大的约束效应对试验结果的影响。对方形、矩形钢管，文中短柱长度取3倍的截面长边尺寸，共进行短柱试件22根，截面规格等信息详见表2.6和表2.7所列。对圆形钢管，取3倍外径长。

短柱试验在浙江大学结构试验室10 000 kN微机控制电液伺服多功能试验机上进行。试验时，构件上端的附加端板与试验机加载头端板用高强螺栓连接，构件下端板与底座用锚栓相连，装配好的试件实物图见图2.19。

(a) 上下端板

(b) 试验加载全景

图2.19　短柱加载装置

为得到短柱受压过程的荷载-位移曲线，采用百分表和电子位移计记录短柱竖向位移。百分表和位移计布置的位置为短柱的四个角部或者短柱各个面的中部。在短柱高度中央部位，沿截面对称布置应变片，如图2.20所示。具体为：在平板中间位置各布置1片（边长大于300 mm的面布置2片），同时在弯角中心部位各布置1片，截面上的应变片总数为8～12片。应变片在试验初始阶段起对中作用，在试验过程中也可以根据应变曲线判断截面的受力状态。

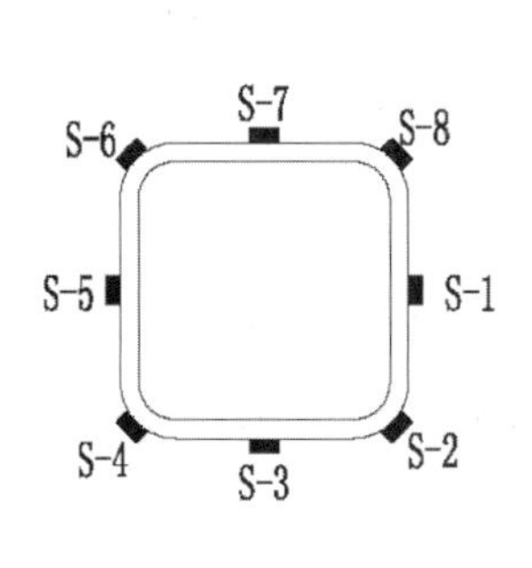

(a) 方形钢管

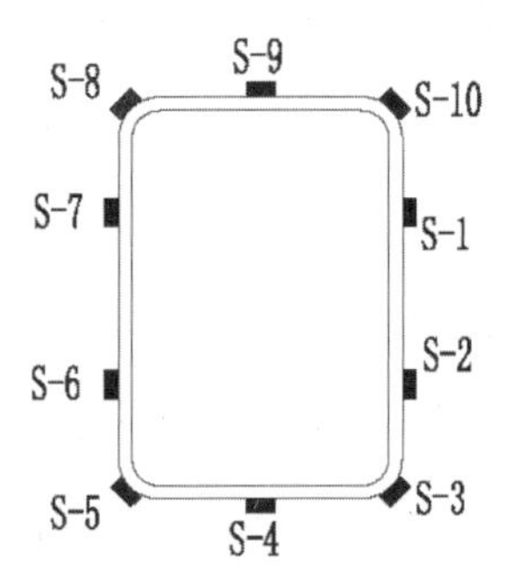

(b) 矩形钢管

图2.20　短柱应变片沿截面的布置

表2.6 方形、矩形截面短柱试件

试件编号	截面规格	来源	备注	文献[86]中编号
1-A-Q1-S-108-10-S	108×108×10	乙钢	文献[86]	A-Q1-SHS-108-10-SC-330
2-B-Q1-S-108-10-S	108×108×10	乙钢	文献[86]	B-Q1-SHS-108-10-SC-330
3-A-Q2-S-108-10-S	108×108×10	乙钢	文献[86]	A-Q2-SHS-108-10-SC-330
4-B-Q2-S-108-10-S	108×108×10	乙钢	文献[86]	B-Q2-SHS-108-10-SC-330
5-A-Q2-S-120-10-S	120×120×10	乙钢	文献[86]	A-Q2-SHS-120-10-SC-360
6-B-Q2-S-120-10-S	120×120×10	乙钢	文献[86]	B-Q2-SHS-120-10-SC-360
7-A-Q2-S-135-10-S	135×135×10	乙钢	文献[86]	Q2-SHS-135-10-SC-400
8-A-Q2-S-250-8-S	250×250×8	乙钢	文献[86]	A-Q2-SHS-250-8-SC-750
9-B-Q2-S-250-8-S	250×250×8	乙钢	文献[86]	B-Q2-SHS-250-8-SC-750
10-A-Q2-R-300-8-S	300×200×8	乙钢	文献[86]	Q2-RHS-300-8-SC-900
11-A-Q1-S-220-10-S	220×220×10	乙钢	文献[86]	Q1-SHS-220-10-SC-660
12-A-Q2-S-220-10-S	220×220×10	乙钢	文献[86]	Q2-SHS-220-10-SC-660
13-A-Q1-S-250-16-S	250×250×16	乙钢	文献[86]	Q1-SHS-250-16-SC-750
14-A-Q2-R-350-12-S	350×250×12	乙钢	文献[86]	Q2-RHS-350-12-SC-1050
15-A-Q1-S-350-14-S	350×350×14	乙钢	文献[86]	Q1-SHS-350-14-SC-1050
16-B-Q1-S-350-14-S	350×350×14	乙钢	本文	—
17-C-Q1-S-350-14-S	350×350×14	乙钢	本文	—
18-A-Q2-R-400-10-S	400×200×10	乙钢	文献[86]	Q2-RHS-400-10-SC-1200
19-A-Q2-S-350-16-S	350×350×16	乙钢	本文	—
20-B-Q2-S-350-16-S	350×350×16	乙钢	本文	—
21-A-Q1-S-135-10-S	135×135×10	甲钢	本文	—
22-A-Q1-S-135-12-S	135×135×12	甲钢	本文	—
23-B-Q1-S-135-12-S	135×135×12	甲钢	本文	—
24-A-Q2-S-86-8-S	86×86×8	甲钢	本文	—
25-A-Q2-S-118-10-S	118×118×10	甲钢	本文	—
26-A-Q2-R-160-8-S	160×80×8	甲钢	本文	—

续表

试件编号	截面规格	来源	备注	文献[86]中编号
27-A-Q2-R-140-7.5-S	140×100×7.5	甲钢	本文	—
28-A-Q1-S-220-10-S	220×220×10	甲钢	本文	—
29-A-Q2-R-200-8-S	200×100×8	甲钢	本文	—
30-A-Q2-S-250-8-S	250×250×8	甲钢	本文	—
31-B-Q2-S-250-8-S	250×250×8	甲钢	本文	—
32-A-Q2-R-200-7.75-S	200×80×7.75	甲钢	本文	—

试件编号说明：顺序号-重复试件代号-钢材等级-截面类型-长边尺寸-壁厚-短柱代号。其中，A、B、C指相同试件重复号；Q1、Q2分别表示Q235、Q345；截面类型S、R分别表示方形钢管、矩形钢管。

表2.7　圆形截面短柱试件

试件编号	截面规格	来源
1-Q2-C-159-8-S	D159×8	甲钢
2-Q2-C-219-6-S	D219×6	甲钢
3-Q2-C-219-10-S	D219×10	甲钢
4-Q2-C-245-10-S	D245×10	甲钢
5-Q2-C-323.9-10-S	D323.9×10	甲钢
6-Q2-C-426-16-S	D426×16	甲钢

试件编号说明：顺序号-钢材等级-截面类型-圆管外径-壁厚-短柱代号。其中Q2表示Q345，截面类型C表示圆钢管。

2.3.2　试验现象

短柱试验在峰值点处的破坏形式主要分为两类：一类是全截面材料屈服的强度破坏；另一类接近峰值荷载时截面上部分区域材料开始屈服但未达到全截面屈服时板件开始屈曲，发生局部失稳破坏。各试件在峰值点处的破坏模式见表2.8。

图2.21给出了试件的最终变形图，通过分析可以发现有如下规律。

①对方形、矩形钢管，试件的最终破坏模式根据宽厚比可分成三类。破坏模式一属于材料全截面屈服破坏，大部分试件在靠近钢管上端或下端发生四周外鼓，个别试件三面外鼓，一面内凹；破坏模式二属于局部屈曲破坏，这类试件沿高度不同位置发生局部屈曲变形，即对边内凹和邻边外鼓的现象；破坏模式三属于整体失稳和局部失稳同时发生的情况，整体失稳导致跨中发生侧移，宽厚比较大的矩形截面多发生此类破坏。

②对圆钢管，所有试件均在靠近钢管端部附近发生局部外鼓现象。

表2.8　短柱试验现象汇总

试件编号	峰值点处破坏	峰值点后下降段破坏特征		
		破坏描述	最终破坏模式	破坏区域
1-A-Q1-S-108-10-S	强度破坏	靠近下端四周外鼓	模式一	局部
2-B-Q1-S-108-10-S	强度破坏	靠近上端四周外鼓	模式一	局部
3-A-Q2-S-108-10-S	强度破坏	靠近下端四周外鼓,焊缝开裂	模式一	局部
4-B-Q2-S-108-10-S	强度破坏	靠近下端四周外鼓,焊缝开裂	模式一	局部
5-A-Q2-S-120-10-S	强度破坏	靠近下端四周外鼓,焊缝开裂	模式一	局部
6-B-Q2-S-120-10-S	强度破坏	靠近上端四周外鼓	模式一	局部
7-A-Q2-S-135-10-S	强度破坏	靠近下端四周外鼓	模式一	局部
8-A-Q2-S-250-8-S	局部失稳	下四分点处局部屈曲	模式二	局部
9-B-Q2-S-250-8-S	局部失稳	下四分点处局部屈曲	模式二	局部
10-A-Q2-R-300-8-S	局部失稳	上四分点处局部屈曲	模式二	局部
11-A-Q1-S-220-10-S	强度破坏	靠近下端三面外鼓,一面内凹	模式二	局部
12-A-Q2-S-220-10-S	强度破坏	靠近下端局部屈曲	模式二	局部
13-A-Q1-S-250-16-S	强度破坏	靠近下端局部屈曲	模式二	局部
14-A-Q2-R-350-12-S	强度破坏	靠近上端,宽边外鼓,窄边内凹	模式二	局部
15-A-Q1-S-350-14-S	强度破坏	靠近上端局部屈曲	模式二	局部
16-B-Q1-S-350-14-S	强度破坏	靠近中部局部屈曲	模式二	局部

续表

试件编号	峰值点处破坏	峰值点后下降段破坏特征		
		破坏描述	最终破坏模式	破坏区域
17-C-Q1-S-350-14-S	强度破坏	靠近中部局部屈曲	模式二	局部
18-A-Q2-R-400-10-S	局部失稳	靠近上端,宽边外鼓,窄边内凹	模式二	局部
19-A-Q2-S-350-16-S	强度破坏	达试验机最大量程,试验结束 此时基本无变形	—	—
20-B-Q2-S-350-16-S	强度破坏	达试验机最大量程,试验结束 此时基本无变形	—	—
21-A-Q1-S-135-10-S	强度破坏	靠近上端处三边外鼓,一边内凹	模式一	局部
22-A-Q1-S-135-12-S	强度破坏	靠近下端处四周外鼓	模式一	局部
23-B-Q1-S-135-12-S	强度破坏	靠近上端处四周外鼓	模式一	局部
24-A-Q2-S-86-8-S	强度破坏	下端四周外鼓,邻近破坏时焊缝开裂	模式一	局部
25-A-Q2-S-118-10-S	强度破坏	下端四周外鼓,邻近破坏时焊缝开裂	模式一	局部
26-A-Q2-R-160-8-S	强度破坏	跨中宽边内凹,窄边外鼓	模式三	局部+整体
27-A-Q2-R-140-7.5-S	强度破坏	靠近上端,宽边外鼓,窄边内凹	模式二	局部
28-A-Q1-S-220-10-S	强度破坏	跨中发生局部屈曲, 两边内凹,两边外鼓	模式二	局部
29-A-Q2-R-200-8-S	强度破坏	跨中宽边内凹,窄边外鼓;上端 一侧宽边外鼓,下端同侧宽边内凹	模式三	局部+整体
30-A-Q2-S-250-8-S	局部失稳	靠近上端处局部屈曲	模式二	局部
31-B-Q2-S-250-8-S	局部失稳	靠近下端处局部屈曲	模式二	局部
32-A-Q2-R-200-7.75-S	强度破坏	跨中宽边外鼓,窄边内凹	模式三	局部+整体
1-Q2-C-159-8-S	强度破坏	靠近下端周边外鼓	模式一	局部
2-Q2-C-219-6-S	强度破坏	靠近下端周边外鼓	模式一	局部
3-Q2-C-219-10-S	强度破坏	靠近下端周边外鼓	模式一	局部
4-Q2-C-245-10-S	强度破坏	靠近下端周边外鼓	模式一	局部
5-Q2-C-323.9-10-S	强度破坏	靠近下端周边外鼓	模式一	局部
6-Q2-C-426-16-S	强度破坏	靠近上端周边外鼓	模式一	局部

破坏模式一（方形钢管）

破坏模式一（圆形钢管）

破坏模式二（矩形钢管）

破坏模式三（矩形钢管）

图2.21　短柱试件的最终破坏模式

2.3.3　试验结果

（1）荷载-位移曲线

图2.22和图2.23给出部分典型试件的荷载-位移曲线。可以看出，荷载-位移曲线的形状主要取决于截面的宽厚比。宽厚比或径厚比小时，达到峰值荷载后下降较慢，邻近破坏时构件的轴向位移很大；宽厚比或径厚比大时，局部屈曲影响明显，荷载达峰值后下降较快。

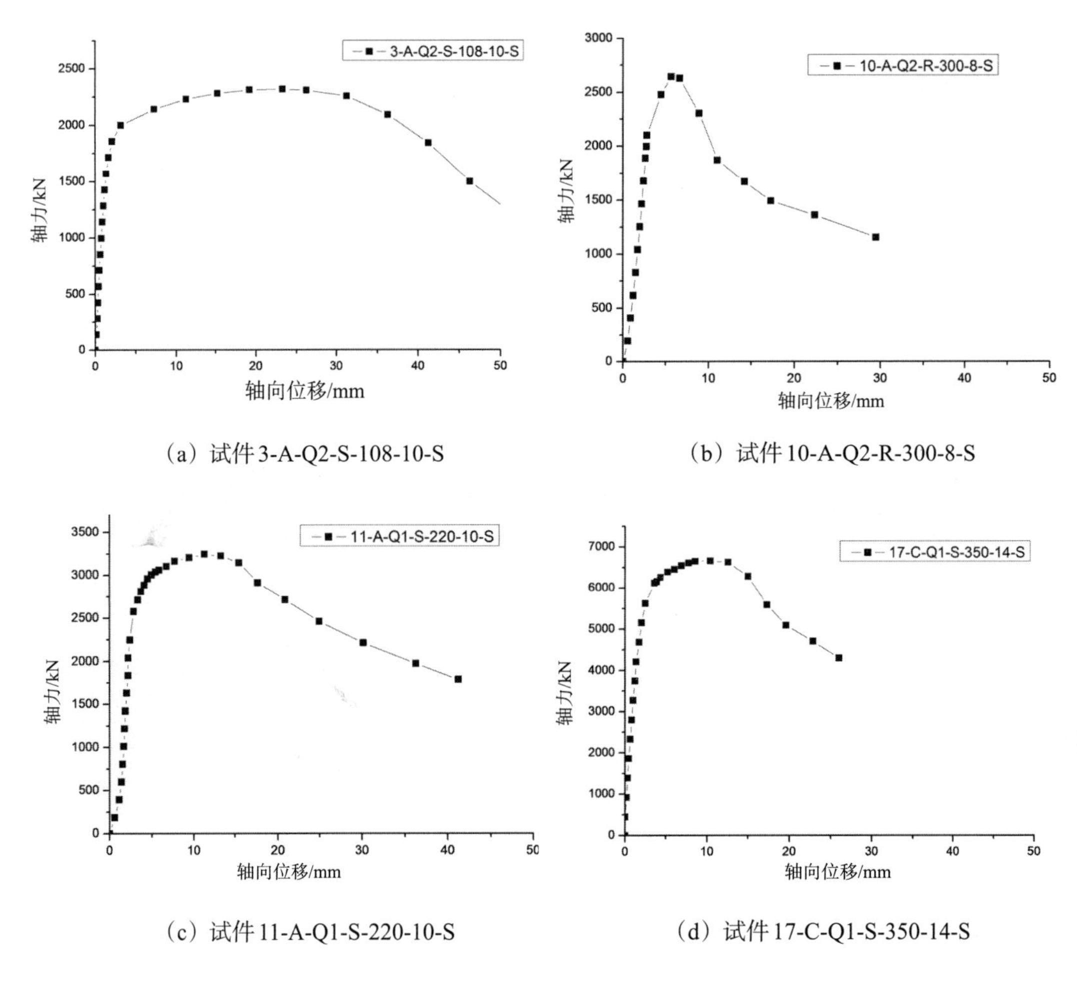

（a）试件3-A-Q2-S-108-10-S　　（b）试件10-A-Q2-R-300-8-S

（c）试件11-A-Q1-S-220-10-S　　（d）试件17-C-Q1-S-350-14-S

图2.22　乙钢典型短柱荷载-位移曲线

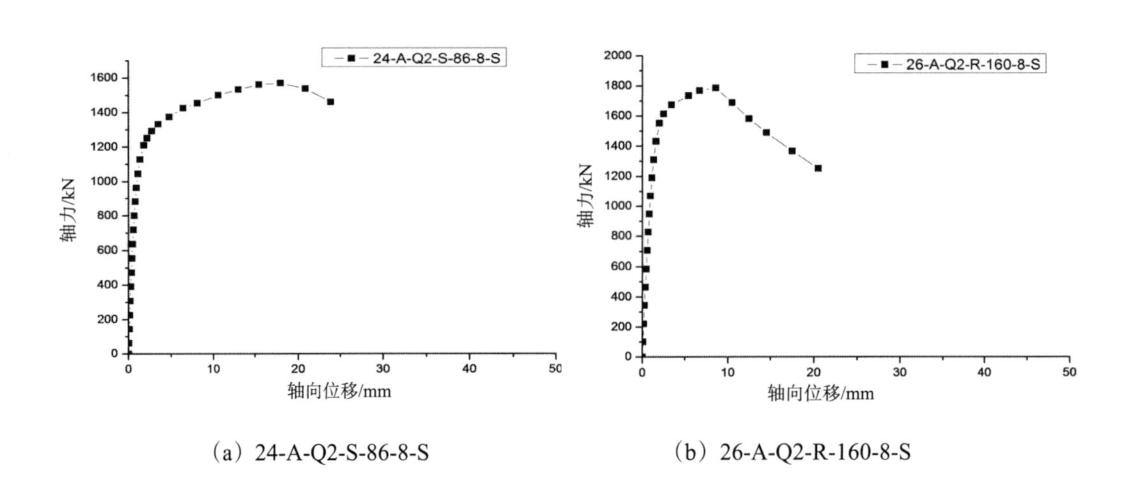

（a）24-A-Q2-S-86-8-S　　（b）26-A-Q2-R-160-8-S

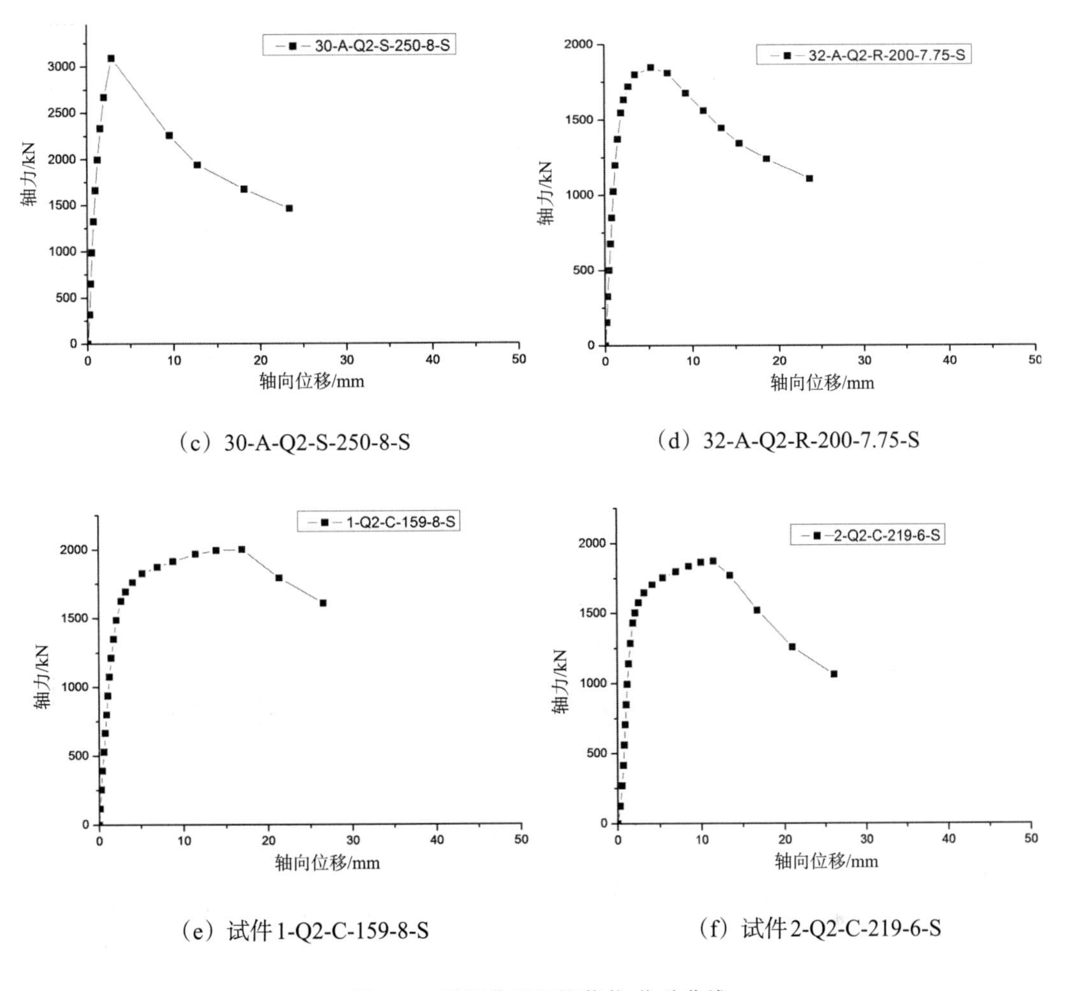

（c）30-A-Q2-S-250-8-S　　（d）32-A-Q2-R-200-7.75-S

（e）试件1-Q2-C-159-8-S　　（f）试件2-Q2-C-219-6-S

图2.23　甲钢典型短柱荷载-位移曲线

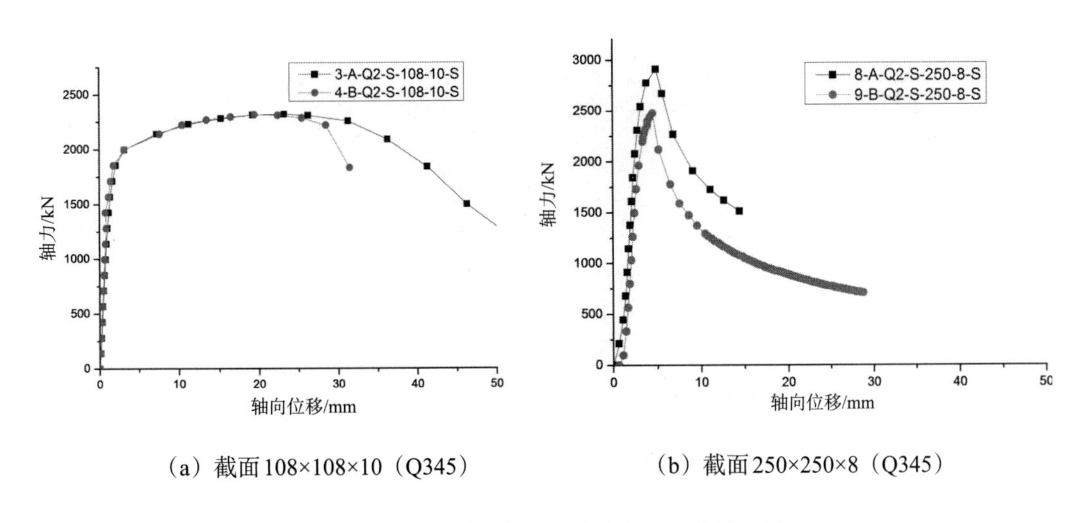

（a）截面108×108×10（Q345）　　（b）截面250×250×8（Q345）

图2.24　乙钢同一截面短柱荷载-位移曲线比较

对同一截面的重复试件比较见图2.24，由试验结果可知，对宽厚比较大的试件，初始缺陷的影响较大，如截面250 mm×250 mm×8 mm的实测宽厚比为33.24，两根重复试件的荷载有明显差异；而对小宽厚比试件，如截面108 mm×108 mm×10 mm，荷载-位移曲线仅在试验接近结束时有分叉，破坏前性能稳定。

（2）应力–应变曲线

图2.25给出了采用位移计得到的平均应变和用应变计得到的应变结果，试验发现，对大部分试件，二者吻合较好；对个别试件，由于试件端部不平整等原因，二者略有差异。

表2.9给出了各个短柱试件的屈服应力和极限应力。其中，屈服应力采用的是0.2%应变对应的应力[90]。

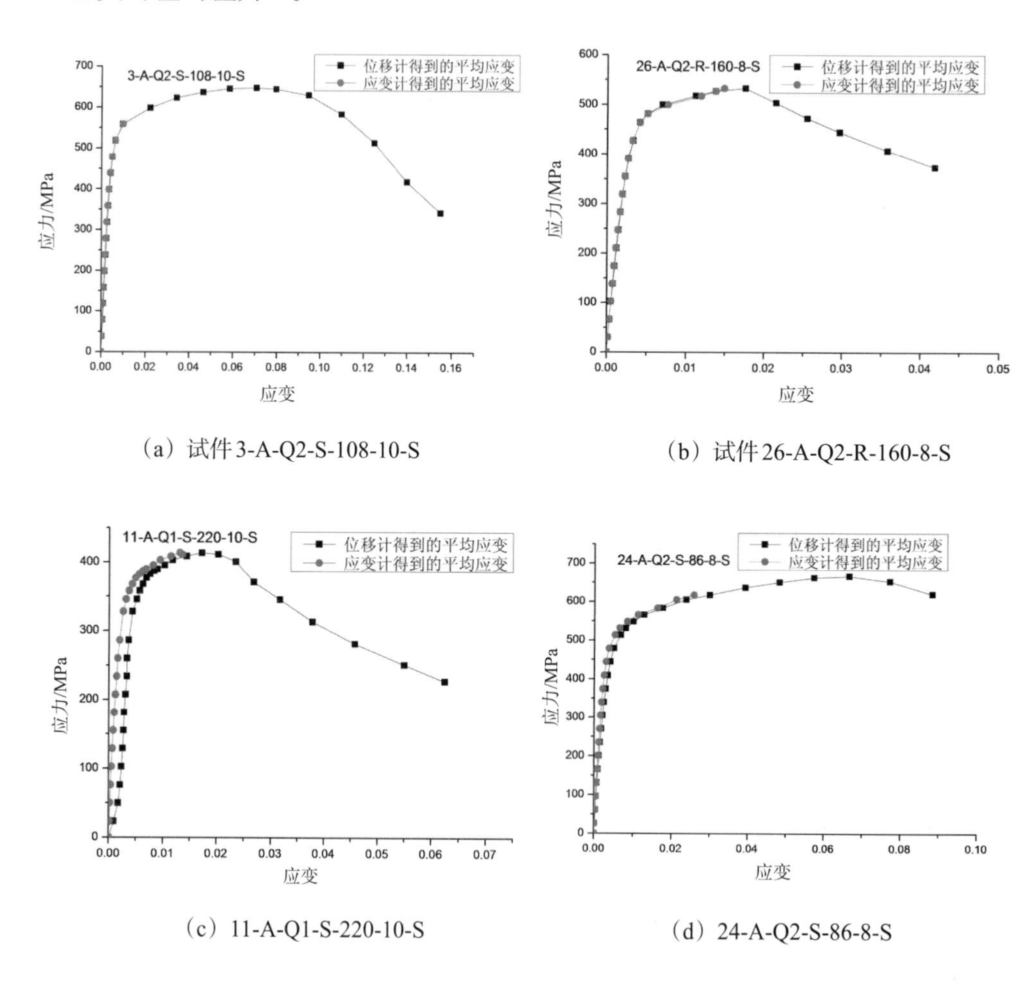

（a）试件3-A-Q2-S-108-10-S

（b）试件26-A-Q2-R-160-8-S

（c）11-A-Q1-S-220-10-S

（d）24-A-Q2-S-86-8-S

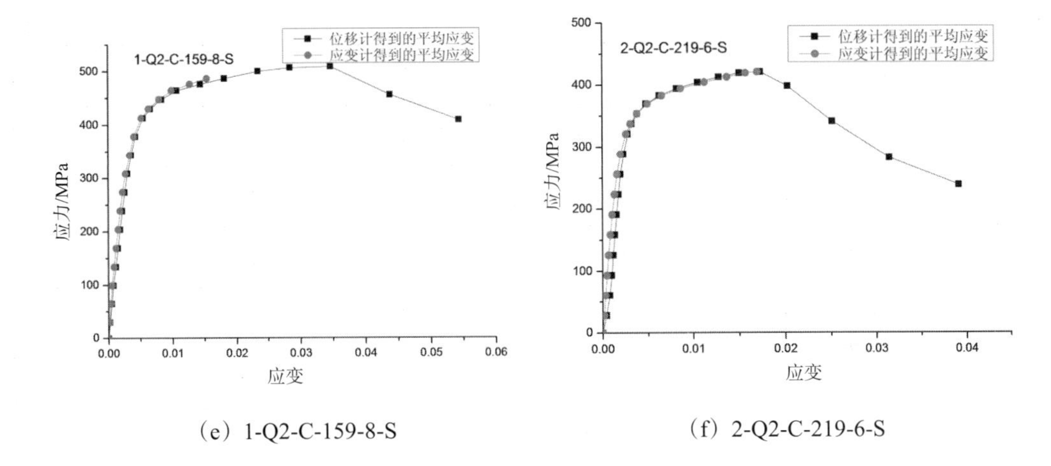

（e）1-Q2-C-159-8-S （f）2-Q2-C-219-6-S

图2.25 部分短柱应力-应变曲线

表2.9 短柱屈服应力和极限应力结果

试件编号	f_{ystub} /MPa	f_{ustub} /MPa	f_{ustub}/f_{ystub}	备注
1-A-Q1-S-108-10-S	430.42	537.15	1.25	
2-B-Q1-S-108-10-S	429.58	555.38	1.29	
3-A-Q2-S-108-10-S	450.70	648.08	1.44	
4-B-Q2-S-108-10-S	415.43	647.10	1.56	
5-A-Q2-S-120-10-S	431.53	612.39	1.42	
6-B-Q2-S-120-10-S	435.18	613.14	1.41	
7-A-Q2-S-135-10-S	438.63	603.59	1.38	
8-A-Q2-S-250-8-S	395.43	409.19	1.03	
9-B-Q2-S-250-8-S	341.85	348.32	1.02	
10-A-Q2-R-300-8-S	303.18	368.40	1.22	
11-A-Q1-S-220-10-S	359.05	413.59	1.15	
12-A-Q2-S-220-10-S	449.23	501.46	1.12	
13-A-Q1-S-250-16-S	432.78	539.34	1.25	
14-A-Q2-R-350-12-S	421.94	452.96	1.07	
15-A-Q1-S-350-14-S	353.65	382.58	1.08	

续表

试件编号	f_{ystub} /MPa	f_{ustub} /MPa	f_{ustub}/f_{ystub}	备注
16-B-Q1-S-350-14-S	350.89	389.02	1.11	
17-C-Q1-S-350-14-S	349.85	387.01	1.11	
18-A-Q2-R-400-10-S	359.71	381.19	1.06	
19-A-Q2-S-350-16-S	460.24	499.35	1.08	
20-B-Q2-S-350-16-S	483.87	504.36	1.04	
21-A-Q1-S-135-10-S	374.20	430.90	1.15	
22-A-Q1-S-135-12-S	428.66	529.01	1.23	
23-B-Q1-S-135-12-S	335.63	461.38	1.37	失效
24-A-Q2-S-86-8-S	494.83	666.50	1.35	
25-A-Q2-S-118-10-S	433.79	599.22	1.38	
26-A-Q2-R-160-8-S	466.50	532.78	1.14	
27-A-Q2-R-140-7.5-S	449.43	530.24	1.18	
28-A-Q1-S-220-10-S	359.64	417.46	1.16	
29-A-Q2-R-200-8-S	461.33	508.30	1.10	
30-A-Q2-S-250-8-S	410.77	412.47	1.00	
31-B-Q2-S-250-8-S	391.45	401.12	1.02	
32-A-Q2-R-200-7.75-S	413.45	456.25	1.10	
1-Q2-C-159-8-S	365.97	508.57	1.39	
2-Q2-C-219-6-S	352.53	420.67	1.19	
3-Q2-C-219-10-S	392.41	497.27	1.27	
4-Q2-C-245-10-S	550.59	652.94	1.19	
5-Q2-C-323.9-10-S	423.08	483.55	1.14	
6-Q2-C-426-16-S	351.32	444.97	1.27	

2.4　考虑冷弯效应的冷弯厚壁型钢的强度计算公式

2.4.1　国内外规范考虑冷弯效应的强度计算公式

（1）我国规范

在我国规范《冷弯薄壁型钢结构技术规范》（GB 50018—2002）[91]中，考虑冷弯效应的强度设计值可按下式计算：

$$f^{'}=\left[1+\frac{\eta t(12\gamma-10)}{l}\sum_{i=1}^{n}\frac{\theta_i}{2\pi}\right]f \tag{2.27}$$

式中：

η——成型方式系数，对于冷弯高频焊（圆变）方形、矩形钢管，取1.7；对于圆形钢管和其他方式成型的方形、矩形钢管及开口型钢，取1.0；

γ——钢材的抗拉强度与屈服强度的比值，对于Q235钢可取1.58，对于Q345钢可取1.48；

n——型钢截面所含棱角数目；

θ_i——型钢截面上第i个棱角所对应的圆周角，以弧度为单位；

l——型钢截面中心线的长度，可取型钢截面积与其厚度的比值。

（2）北美、澳洲/新西兰规范

北美、澳洲/新西兰冷弯型钢设计规范[1]中，考虑冷加工强化后全截面平均屈服强度公式为

$$F_{ya}=CF_{yc}+(1-C)F_{yf} \tag{2.28}$$

式中：

F_{ya}——全截面平均屈服强度；

C——弯角面积与总横截面面积之比；

F_{yf}——基于试验的平板部分加权屈服强度或母材的屈服强度；

F_{yc}——角部屈服强度，当$F_u/F_y\geqslant1.2$、$R/t\leqslant7$且弯角$\leqslant120°$时，$F_{yc}=\dfrac{B_cF_y}{(R/t)^m}$；

F_u、F_y——母材的抗拉极限强度和屈服强度；

$$B_c = 3.69(F_u/F_y) - 0.819(F_u/F_y)^2 - 1.79$$

$$m = 0.192(F_u/F_y) - 0.068$$

R——弯角内半径；

t——钢板厚度。

（3）欧洲规范

欧洲规范[2]考虑冷弯效应的平均屈服强度公式为

$$f_{ya} = f_{yb} + (f_u - f_{yb})\frac{knt^2}{A} \text{ 且 } f_{ya} \leqslant \frac{f_u + f_{yb}}{2} \tag{2.29}$$

式中：

f_u、f_{yb}——母材的抗拉强度和屈服强度；

A——毛截面面积；

k——成型方式系数，冷轧成型 $k=7$，其他成型方式 $k=5$；

n——截面上内半径 $r \leqslant 5t$ 的90°弯角的数目（不足90°的弯角可按具体数值累加）；

t——冷弯前母材的厚度（扣掉金属镀层厚度）。

2.4.2 各国规范计算值与文中试验结果比较

分别运用我国规范、北美AISI、澳洲/新西兰AS/NZS规范和欧洲ER3规范中考虑冷弯效应的屈服强度计算公式计算得到短柱试件全截面屈服强度，并根据母材的屈服强度进行无量纲化，得到各规范的冷弯效应提高系数，用 β_{GB}、β_{NAS} 和 β_{EN} 表示。公式中母材的屈服强度采用名义值；强屈比对Q235和Q345钢材分别取1.58和1.48。

国产建筑钢结构钢材等级为Q235和Q345的屈服强度平均值[92]见表2.10所列。将实测短柱试件的屈服强度值和各截面的加权平均屈服强度根据此平均值进行无量纲化，得到短柱试验屈服强度、材性加权平均屈服强度的提高系数，记为 $\beta_{\exp}$ 和 β_{mat}。

短柱加权平均试验结果和各规范计算结果见表2.11和表2.12所列，其中 $L/t \gg 95.58$ 的6根试件。因局部屈曲出现在整个截面屈服前，导致非全截面有效。

图2.25给出了全截面有效的各个试件的强度提高系数随参数 L/t 的变化规律。由图和表可知：

①对Q345钢材，短柱试验得到的屈服强度提高系数分布在我国规范公式两边，其与我国规范提高系数之比的均值是1.002 0，可认为从平均意义上与我国规范公式一致；之比的变异系数是0.069 8，小于国产建筑钢结构钢材等级为Q345的变异系数0.073。对Q235钢材，短柱试验结果均高于我国规范结果，偏于安全，均值是1.106 6，变异系数0.056 2，也小于国产建筑钢结构钢材等级为Q235的变异系数0.095。与欧洲规范最接近，冷弯效应提高系数之比的均值为0.998 9。

②中国、北美、澳洲和欧洲规范计算值均随 L/t 的增大而减小。

表2.10　钢材屈服强度数据统计表[92]

钢材等级	厚度/mm	屈服强度 /MPa						
		数据个数	最大值	最小值	平均值	标准差	统计标准值	变异系数
Q235	$t \leqslant 16$	99	395	245	301.9	28.6	254.9	0.095
Q345	$6 < t \leqslant 16$	1241	525	330	388.7	28	342.6	0.073

表2.11　短柱及各国规范冷弯效应提高系数

序号	试件编号	L/t	β_{exp}	β_{mat}	β_{GB}	β_{NAS}	β_{EN}	备注	有效截面系数
1	1-A-Q1-S-108-10-S	37.49	1.4257	1.4665	1.2390	1.2911	1.4331		
2	2-B-Q1-S-108-10-S	37.49	1.4229	1.4665	1.2390	1.2911	1.4331		
3	3-A-Q2-S-108-10-S	36.63	1.1595	1.2628	1.2118	1.2464	1.3669		
4	4-B-Q2-S-108-10-S	36.63	1.0688	1.2628	1.2118	1.2464	1.3669		
5	5-A-Q2-S-120-10-S	42.03	1.1102	1.1744	1.1846	1.2168	1.3198		
6	6-B-Q2-S-120-10-S	42.03	1.1196	1.1744	1.1846	1.2168	1.3198		
7	7-A-Q2-S-135-10-S	48.52	1.1285	1.1738	1.1599	1.1920	1.2770		
8	8-A-Q2-S-250-8-S	124.89	1.0173	1.0001	1.0621	1.0776	1.1076		0.88
9	9-B-Q2-S-250-8-S	124.89	0.8795	1.0001	1.0621	1.0776	1.1076		0.88
10	10-A-Q2-R-300-8-S	123.26	0.7800	0.9317	1.0630	1.0795	1.1090		0.86

续表

序号	试件编号	L/t	β_{exp}	β_{mat}	β_{GB}	β_{NAS}	β_{EN}	备注	有效截面系数
11	11-A-Q1-S-220-10-S	82.03	1.1893	1.0608	1.1092	1.1375	1.1980		
12	12-A-Q2-S-220-10-S	82.53	1.1557	1.0775	1.0940	1.1205	1.1628		
13	13-A-Q1-S-250-16-S	56.88	1.4335	1.3310	1.1575	1.1776	1.2855		
14	14-A-Q2-R-350-12-S	94.13	1.0855	0.9235	1.0824	1.0993	1.1428		
15	15-A-Q1-S-350-14-S	95.58	1.1714	1.0680	1.0937	1.1153	1.1699		
16	16-B-Q1-S-350-14-S	95.58	1.1588	1.0680	1.0937	1.1153	1.1699		
17	17-C-Q1-S-350-14-S	95.58	1.1623	1.0680	1.0937	1.1153	1.1699		
18	18-A-Q2-R-400-10-S	115.17	0.9254	0.9887	1.0674	1.0838	1.1167		0.86
19	19-A-Q2-S-350-16-S	83.40	1.1840	1.1611	1.0930	1.1192	1.1611		
20	20-B-Q2-S-350-16-S	83.40	1.2448	1.1611	1.0930	1.1192	1.1611		
21	21-A-Q1-S-135-10-S	47.42	1.2395	1.1086	1.1890	1.1795	1.3425		
22	22-A-Q1-S-135-12-S	38.02	1.4199	1.4267	1.2357	1.2443	1.4271		
23	23-B-Q1-S-135-12-S							异常点	
24	24-A-Q2-S-86-8-S	34.98	1.2730	1.2462	1.2219	1.2619	1.3843		
25	25-A-Q2-S-118-10-S	40.44	1.1160	1.1228	1.1919	1.2104	1.3323		
26	26-A-Q2-R-160-8-S	54.22	1.2002	1.2336	1.1431	1.1684	1.2479		
27	27-A-Q2-R-140-7.5-S	54.72	1.1562	1.1604	1.1418	1.1683	1.2456		
28	28-A-Q1-S-220-10-S	79.79	1.1913	1.1956	1.1123	1.1228	1.2035		
29	29-A-Q2-R-200-8-S	68.65	1.1869	1.2001	1.1130	1.1324	1.1958		
30	30-A-Q2-S-250-8-S	117.97	1.0568	1.0624	1.0658	1.0795	1.1139		0.89
31	31-B-Q2-S-250-8-S	117.97	1.0071	1.0624	1.0658	1.0795	1.1139		0.89
32	32-A-Q2-R-200-7.75-S	63.47	1.0637	1.0953	1.1223	1.1325	1.2117		

表2.12　短柱及各国规范冷弯效应提高系数之比

序号	试件编号	短柱提高系数与各国规范提高系数之比			加权平均提高系数与各国规范提高系数之比			来源	有效截面系数
		$\beta_{\text{exp}}/\beta_{GB}$	$\beta_{\text{exp}}/\beta_{\text{NAS}}$	$\beta_{\text{exp}}/\beta_{\text{EN}}$	$\beta_{\text{mat}}/\beta_{GB}$	$\beta_{\text{mat}}/\beta_{\text{NAS}}$	$\beta_{\text{mat}}/\beta_{\text{EN}}$		
1	1-A-Q1-S-108-10-S	1.1507	1.1043	0.9948	1.1836	1.1358	1.0232	乙钢	
2	2-B-Q1-S-108-10-S	1.1485	1.1021	0.9929	1.1836	1.1358	1.0232	乙钢	
3	3-A-Q2-S-108-10-S	0.9568	0.9303	0.8483	1.0420	1.0132	0.9238	乙钢	
4	4-B-Q2-S-108-10-S	0.8819	0.8575	0.7819	1.0420	1.0132	0.9238	乙钢	
5	5-A-Q2-S-120-10-S	0.9372	0.9123	0.8412	0.9914	0.9651	0.8899	乙钢	
6	6-B-Q2-S-120-10-S	0.9451	0.9201	0.8483	0.9914	0.9651	0.8899	乙钢	
7	7-A-Q2-S-135-10-S	0.9729	0.9467	0.8837	1.0119	0.9847	0.9192	乙钢	
8	8-A-Q2-S-250-8-S	0.9578	0.9440	0.9185	0.9416	0.9281	0.9029	乙钢	0.88
9	9-B-Q2-S-250-8-S	0.8280	0.8161	0.7940	0.9416	0.9281	0.9029	乙钢	0.88
10	10-A-Q2-R-300-8-S	0.7338	0.7225	0.7033	0.8766	0.8631	0.8401	乙钢	0.86
11	11-A-Q1-S-220-10-S	1.0722	1.0455	0.9928	0.9563	0.9326	0.8855	乙钢	
12	12-A-Q2-S-220-10-S	1.0564	1.0314	0.9939	0.9849	0.9616	0.9266	乙钢	
13	13-A-Q1-S-250-16-S	1.2384	1.2173	1.1151	1.1498	1.1302	1.0354	乙钢	
14	14-A-Q2-R-350-12-S	1.0028	0.9874	0.9499	0.8532	0.8401	0.8081	乙钢	
15	15-A-Q1-S-350-14-S	1.0710	1.0503	1.0013	0.9765	0.9577	0.9129	乙钢	
16	16-B-Q1-S-350-14-S	1.0595	1.0391	0.9905	0.9765	0.9577	0.9129	乙钢	
17	17-C-Q1-S-350-14-S	1.0627	1.0421	0.9935	0.9765	0.9577	0.9129	乙钢	
18	18-A-Q2-R-400-10-S	0.8670	0.8539	0.8287	0.9263	0.9123	0.8854	乙钢	0.86
19	19-A-Q2-S-350-16-S	1.0833	1.0579	1.0197	1.0623	1.0374	1.0000	乙钢	
20	20-B-Q2-S-350-16-S	1.1389	1.1122	1.0721	1.0623	1.0374	1.0000	乙钢	
21	21-A-Q1-S-135-10-S	1.0425	1.0509	0.9233	0.9324	0.9399	0.8258	甲钢	
22	22-A-Q1-S-135-12-S	1.1491	1.1411	0.9949	1.1546	1.1467	0.9997	甲钢	
23	23-B-Q1-S-135-12-S							甲钢	

续表

序号	试件编号	短柱提高系数与各国规范提高系数之比			加权平均提高系数与各国规范提高系数之比			来源	有效截面系数
		β_{exp}/β_{GB}	β_{exp}/β_{NAS}	β_{exp}/β_{EN}	β_{mat}/β_{GB}	β_{mat}/β_{NAS}	β_{mat}/β_{EN}		
24	24-A-Q2-S-86-8-S	1.0419	1.0088	0.9196	1.0199	0.9875	0.9002	甲钢	
25	25-A-Q2-S-118-10-S	0.9363	0.9220	0.8376	0.9421	0.9277	0.8428	甲钢	
26	26-A-Q2-R-160-8-S	1.0499	1.0272	0.9617	1.0791	1.0558	0.9885	甲钢	
27	27-A-Q2-R-140-7.5-S	1.0126	0.9897	0.9282	1.0163	0.9933	0.9316	甲钢	
28	28-A-Q1-S-220-10-S	1.0710	1.0609	0.9898	1.0749	1.0648	0.9934	甲钢	
29	29-A-Q2-R-200-8-S	1.0663	1.0481	0.9925	1.0782	1.0597	1.0036	甲钢	
30	30-A-Q2-S-250-8-S	0.9916	0.9789	0.9487	0.9968	0.9841	0.9537	甲钢	0.89
31	31-B-Q2-S-250-8-S	0.9449	0.9329	0.9041	0.9968	0.9841	0.9537	甲钢	0.89
32	32-A-Q2-R-200-7.75-S	0.9478	0.9392	0.8778	0.9759	0.9671	0.9039	甲钢	
Q235	均值	1.1066	1.0854	0.9989	1.0565	1.0359	0.9525		
	标准差	0.0622	0.0575	0.0466	0.1031	0.0944	0.0715		
	变异系数	0.0562	0.0530	0.0466	0.0976	0.0911	0.0751		
Q345	均值	1.0020	0.9794	0.9171	1.0102	0.9873	0.9235		
	标准差	0.0699	0.0686	0.0810	0.0590	0.0558	0.0570		
	变异系数	0.0698	0.0700	0.0883	0.0584	0.0565	0.0617		
Q235 & Q345	均值	1.0438	1.0218	0.9498	1.0287	1.0067	0.9351		
	标准差	0.0839	0.0824	0.0794	0.0809	0.0758	0.0634		
	变异系数	0.0804	0.0806	0.0836	0.0787	0.0753	0.0678		

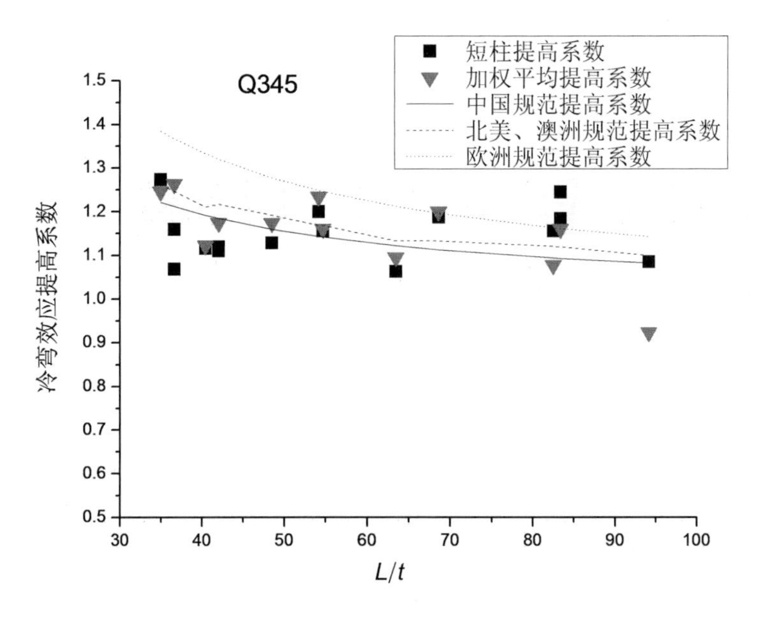

（a）Q345各试件

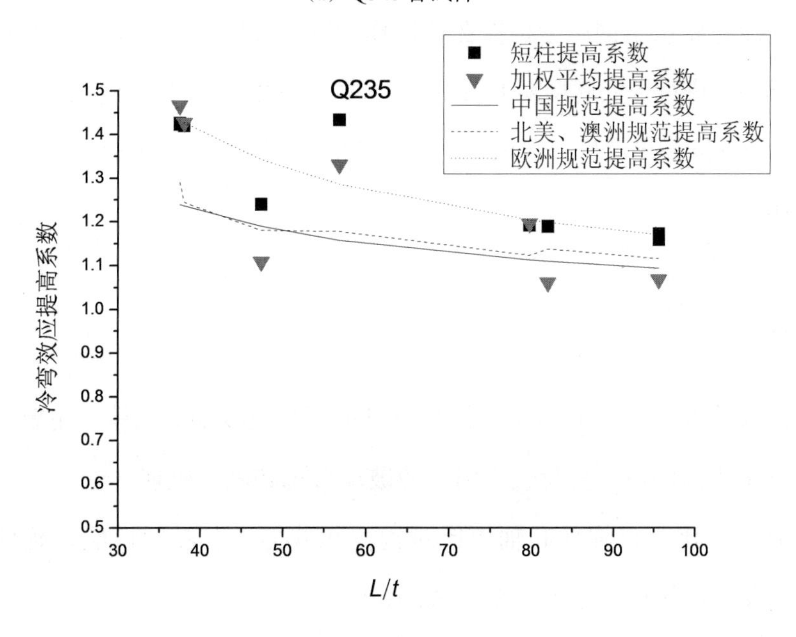

（b）Q235各试件

图2.25　各个试件的强提高系数随参L/t的变化规律

2.4.3　我国规范公式适用性判断

综上所述，可以认为我国规范考虑冷弯效应的屈服强度计算公式对于全截面有效的冷弯厚壁型钢也是适用的，且偏于保守。

第3章

冷弯厚壁钢管压弯构件抗震性能试验研究

3.1 引言

为探究冷弯厚壁型钢压弯构件在地震作用下的性能，本章对方形、矩形截面冷弯钢管压弯构件进行了低周反复加载试验。通过滞回曲线、骨架曲线、延性系数等指标，对其抗震性能做出评价，找出影响抗震性能的关键参数，同时为后续进一步理论分析提供基础。

3.2 试验目的

本次试验共进行了24根方形、矩形钢管的压弯反复加载试验，主要目的为：

①研究压弯构件在反复荷载作用下的破坏形态和破坏机理。

②研究宽厚比、长细比和轴压比对构件承载能力、滞回性能、延性与变形能力、刚度退化、破坏模式以及骨架曲线的影响。

3.3 参数选择与试件设计

影响压弯构件抗震性能的主要因素是宽厚比、长细比和轴压比。此外，钢材等级，截面形式等因素也对试验结果有影响。

本试验宽厚比和长细比限值采用美国抗震设计规范[93]（ANSI/AISC 341-05）（见表

3.1和3.2所列）和我国《建筑抗震设计规范》（GB 50011—2010）[94]（见表3.3所列）的规定综合选择确定。

表3.1　ANSI/AISC 341-05中受压板宽厚比限值

截面类型	宽厚比	宽厚比限值	宽厚比值(Q235)	宽厚比值(Q345)
方、矩形管	$b/t-3$ 或 h/t_w-3	$0.64\sqrt{E/F_y}$	18.95	15.64

表3.2　ANSI/AISC 341-05中长细比限值

体系类型	长细比	长细比限值	长细比值(Q235)	长细比值(Q345)
SCBF	KL/r	$4.0\sqrt{E/F_y}$	118.4	97.7
OCBF	KL/r	$4.0\sqrt{E/F_y}$	118.4	97.7

表3.3　GB 50011—2010中框架梁、柱板件宽厚比限值

<table>
<tr><th colspan="2">板件名称</th><th>一级</th><th>二级</th><th>三级</th><th>四级</th></tr>
<tr><td rowspan="3">柱</td><td>工字形截面翼缘外伸部分</td><td>10</td><td>11</td><td>12</td><td>13</td></tr>
<tr><td>工字形截面腹板</td><td>43</td><td>45</td><td>48</td><td>52</td></tr>
<tr><td>箱形截面壁板</td><td>33</td><td>36</td><td>38</td><td>40</td></tr>
<tr><td rowspan="3">梁</td><td>工字形截面和箱形截面翼缘外伸部分</td><td>9</td><td>9</td><td>10</td><td>11</td></tr>
<tr><td>箱形截面翼缘在两腹板之间部分</td><td>30</td><td>30</td><td>32</td><td>36</td></tr>
<tr><td>工字形截面和箱形截面腹板</td><td>$72-120N_b/(Af_y)\leqslant 60$</td><td>$72-100N_b/(Af_y)\leqslant 65$</td><td>$80-110N_b/(Af_y)\leqslant 70$</td><td>$85-120N_b/(Af_y)\leqslant 75$</td></tr>
</table>

注：①表列数值适用于Q235钢，采用其他牌号钢材时，应乘以 $\sqrt{235/f_y}$ 。

② $N_b/(Af_y)$ 为梁轴压比。

按照正交试验设计方法[95-96]，考虑宽厚比、轴压比和长细比三个因素，每个因素取三个水平。对方形、矩形钢管分别制定因素水平表，见表3.4和表3.5。

选用表3.6所示正交表$L_9(3^4)$，进行试验设计，形成试验计划，见表3.7和表3.8。各个试件的设计参数见表3.9。按照正交设计的试件为表3.9中序号为1～9和16～24的试件。同时为对比不同厂家和钢材等级对压弯构件滞回性能的影响，补充部分试件，表3.9中序号为10～15的试件。

表 3.4　方钢管因素水平表

水平列号	因素		
	宽厚比	轴压比	长细比
	A	B	C
1	30	0.2	70
2	20	0.4	50
3	10	0.6	30

表 3.5　矩形钢管因素水平表

水平列号	因素		
	宽厚比	轴压比	长细比
	A	B	C
1	30	0.2	75
2	35	0.4	50
3	40	0.6	25

表 3.6　$L_9(3^4)$

试验号	因素		
	宽厚比	轴压比	长细比
	A	B	C
1	1	1	1
2	1	2	2
3	1	3	3
4	2	1	2
5	2	2	3
6	2	3	1
7	3	1	3
8	3	2	1
9	3	3	2

表3.7　方钢管试验计划表

试验号	因素		
	宽厚比	轴压比	长细比
	A	B	C
1	1　30	1　0.2	1　70
2	1　30	2　0.4	2　50
3	1　30	3　0.6	3　30
4	2　20	1　0.2	2　50
5	2　20	2　0.4	3　30
6	2　20	3　0.6	1　70
7	3　10	1　0.2	3　30
8	3　10	2　0.4	1　70
9	3　10	3　0.6	2　50

表3.8　矩形钢管试验计划表

试验号	因素		
	宽厚比	轴压比	长细比
	A	B	C
1	1　30	1　0.2	1　75
2	1　30	2　0.4	2　50
3	1　30	3　0.6	3　25
4	2　35	1　0.2	2　50
5	2　35	2　0.4	3　25
6	2　35	3　0.6	1　75
7	3　40	1　0.2	3　25
8	3　40	2　0.4	1　75
9	3　40	3　0.6	2　50

表3.9 方形、矩形截面压弯试件设计试验参数

序号	试件编号	截面规格	长度/mm	试件设计参数			来源
				b/t	n	λ	
1	Q2-S-250-8-MC-1-A	250×250×8	3440	30	0.2	70	乙钢
2	Q2-S-350-12-MC-2	350×350×12	3270	30	0.4	50	乙钢
3	Q2-S-350-12-MC-3	350×350×12	1900	30	0.6	30	乙钢
4	Q2-S-220-10-MC-1	220×220×10	2030	20	0.2	50	乙钢
5	Q2-S-350-16-MC-2	350×350×16	1870	20	0.4	30	乙钢
6	Q2-S-220-10-MC-3	220×220×10	2980	20	0.6	70	乙钢
7	Q2-S-135-10-MC-1	135×135×10	800	10	0.2	30	乙钢
8	Q2-S-108-10-MC-2	108×108×10	1360	10	0.4	70	乙钢
9	Q2-S-120-10-MC-3	120×120×10	1050	10	0.6	50	乙钢
10	Q2-S-250-8-MC-1-B	250×250×8	3440	30	0.2	70	甲钢
11	Q1-S-220-10-MC-1-A	220×220×10	2030	20	0.2	50	乙钢
12	Q1-S-220-10-MC-1-B	220×220×10	2030	20	0.2	50	甲钢
13	Q1-S-108-10-MC-2	108×108×10	1360	10	0.4	70	乙钢
14	Q1-S-350-14-MC-2	350×350×14	2290	25	0.4	35	乙钢
15	Q1-S-250-16-MC-3	250×250×16	2700	15	0.6	60	乙钢
16	Q2-R-350-12-MC-1	350×250×12	3310	30	0.2	75	乙钢
17	Q2-R-350-12-MC-2	350×250×12	2480	30	0.4	50	乙钢
18	Q2-R-350-12-MC-3	350×250×12	1850	30	0.6	25	乙钢
19	Q2-R-300-8-MC-1	300×200×8	2030	35	0.2	50	乙钢
20	Q2-R-300-8-MC-2	300×200×8	1020	35	0.4	25	乙钢
21	Q2-R-300-8-MC-3	300×200×8	3040	35	0.6	75	乙钢
22	Q2-R-400-10-MC-1	400×200×10	1020	40	0.2	25	乙钢
23	Q2-R-400-10-MC-2	400×200×10	3110	40	0.4	75	乙钢
24	Q2-R-400-10-MC-3	400×200×10	2070	40	0.6	50	乙钢

表中，试件编号为：钢材等级—截面类型—长边尺寸—壁厚—受力类型—轴压比—重复试件编号。其中钢材等级Q1，Q2分别表示Q235，Q345；截面类型S、R分别表示方形钢管、矩形钢管；受力类型MC表示往复水平加载；1，2，3分别表示设计轴压比为0.2，0.4和0.6；字母A和B表示重复试件，但钢管来源不同。

3.4　试验装置与加载制度

本试验采用同济大学建工系试验室1 000吨大型多功能结构试验机系统。采用悬臂柱加载方法。整个加载装置包括竖向加载系统和水平加载系统。竖向加载系统可施加的最大压力为10 000 kN，能自动跟踪试件顶部的水平位移，可在试验过程中保证竖向荷载的竖直方向；两个不同高度处的水平150吨和300吨的电液伺服作动器可用来施加水平往复荷载，压弯试件的试验装置示意图和试件加载全景图见图3.1。

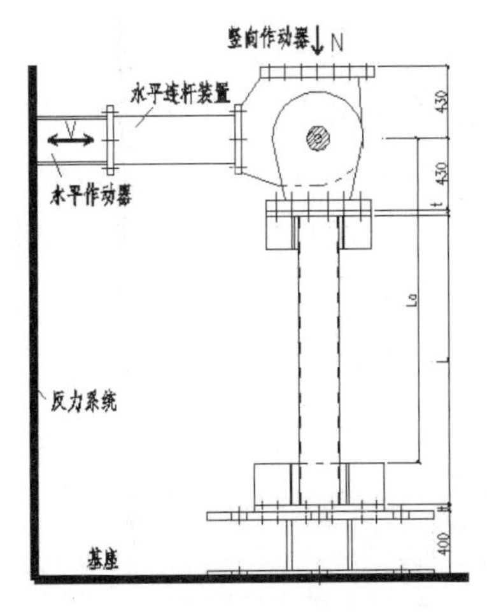

（a）试验装置示意图　　（b）试验加载全景

图3.1　压弯反复试件加载装置

本试验正式加载前先进行竖向荷载和水平荷载预加载。预加载轴力取试验轴力的30%左右，一是确保试验机及采集系统工作正常，二是进行物理对中。正式加载先以荷载控制在柱顶部施加轴力到预定值，后保持不变；以位移控制施加反复水平荷载。所有构件均采用向同一方向从推构件循环开始，加载制度按照规范ATC-24中选用，见图3.2。此处 Δ_y 是试件受力最大纤维出现屈服时的柱顶侧向位移。具体如下：

① $0.25\Delta_y$， $0.5\Delta_y$， $0.75\Delta_y$， Δ_y， $2\Delta_y$ 和 $3\Delta_y$ 时，每级循环3圈；

② $4\Delta_y$ 、$5\Delta_y$ 、$6\Delta_y$ ……时，每级循环2圈。

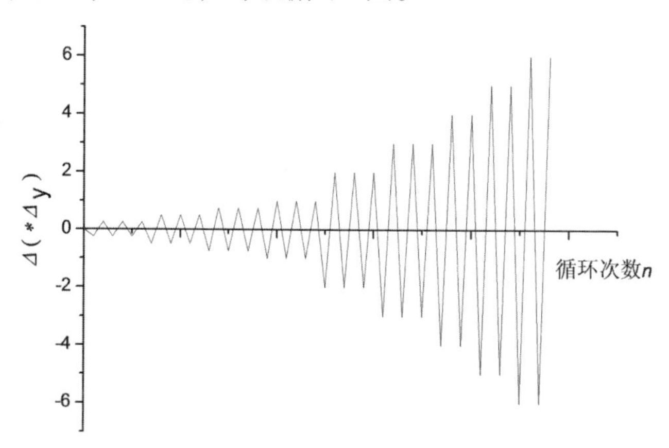

图3.2　压弯试件水平位移加载制度

3.5　试验测量内容

本次试验测试的数据有：柱顶加载点处的水平荷载和位移、柱身不同高度处的侧向位移，靠近柱底截面塑性铰区和上端弹性段截面的应变。靠近柱底截面塑性铰区的转角。为考察底座是否刚性，另布置位移计检测支座的位移。应变测点和位移计的布置分别见图3.3和图3.4。

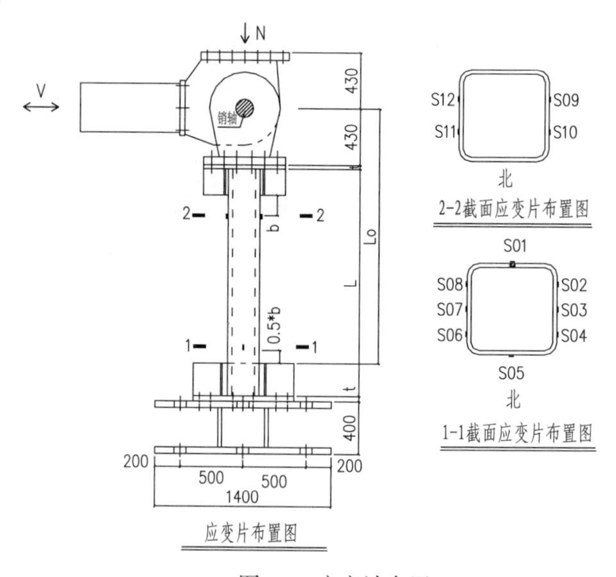

图3.3　应变计布置

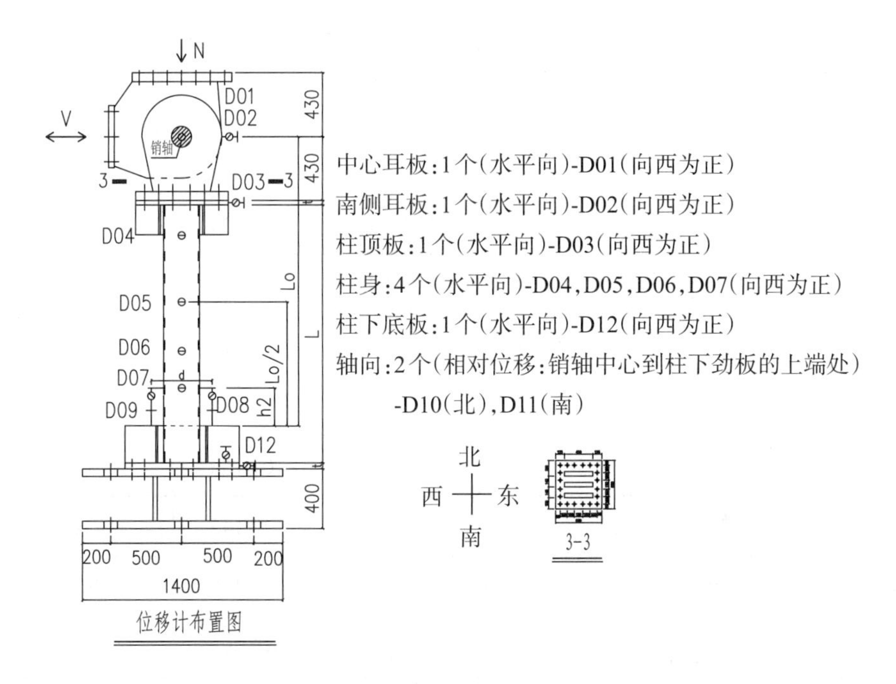

图3.4　位移计布置

3.6　试件实际参数

钢管实测截面尺寸和厚度见表3.10，钢管截面示意图见图3.5。对矩形钢管，焊缝位于短边上。

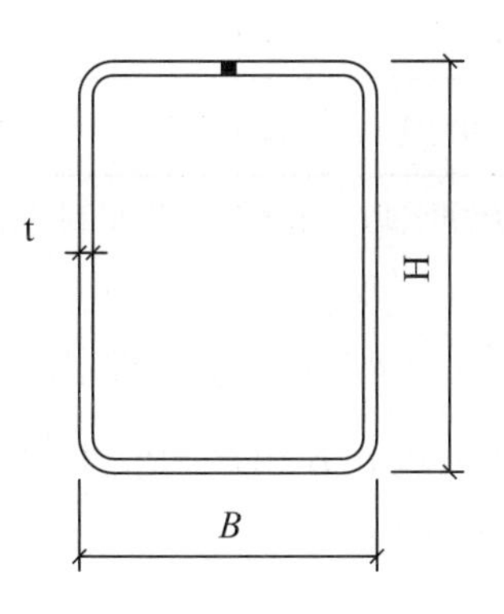

图3.5　钢管截面示意图

表3.10　方形、矩形截面压弯试件实测截面参数

序号	钢材等级	截面规格	B/mm	H/mm	t	来源
1	Q345	250×250×8	250.918	250.010	7.548	乙钢
2	Q345	350×350×12	350.860	349.220	12.041	乙钢
3	Q345	220×220×10	219.858	220.850	9.779	乙钢
4	Q345	350×350×16	349.797	352.513	15.402	乙钢
5	Q345	135×135×10	135.698	135.483	9.790	乙钢
6	Q345	108×108×10	108.643	107.763	9.883	乙钢
7	Q345	120×120×10	120.045	120.145	9.780	乙钢
8	Q345	250×250×8	250.550	250.430	7.968	甲钢
9	Q235	220×220×10	220.513	219.498	9.780	乙钢
10	Q235	220×220×10	220.000	220.000	10.130	甲钢
11	Q235	108×108×10	109.180	108.025	9.751	乙钢
12	Q235	350×350×14	350.390	348.310	13.494	乙钢
13	Q235	250×250×16	250.322	250.753	15.579	乙钢
14	Q345	350×250×12	250.052	351.013	11.859	乙钢
15	Q345	300×200×8	200.263	299.652	7.626	乙钢
16	Q345	400×200×10	200.537	399.417	9.787	乙钢

注：表中尺寸B、H、t为在钢管首尾部各取一截面测量后得到的平均值。

根据实测截面尺寸，计算得到各试件的宽厚比b/t和长细比λ列于表3.11。其中，对方形钢管，宽厚比b/t由边长B和H的较小值除以厚度得到；对矩形钢管，宽厚比b/t由边长H除以厚度得到。

表3.11　方形、矩形截面压弯试件实测参数汇总

序号	试件编号	f_y	实测截面计算参数		来源
			b/t	λ	
1	Q2-S-250-8-MC-1-A	361.60	33.25	70.18	乙钢
2	Q2-S-350-12-MC-2	380.97	29.14	48.13	乙钢
3	Q2-S-350-12-MC-3	380.97	29.14	27.96	乙钢
4	Q2-S-220-10-MC-1	381.00	22.58	48.18	乙钢
5	Q2-S-350-16-MC-2	422.73	22.89	27.86	乙钢
6	Q2-S-220-10-MC-3	381.00	22.58	70.72	乙钢
7	Q2-S-135-10-MC-1	415.64	13.86	31.96	乙钢
8	Q2-S-108-10-MC-2	434.55	10.99	70.05	乙钢
9	Q2-S-120-10-MC-3	412.68	12.28	47.91	乙钢
10	Q2-S-250-8-MC-1-B	388.30	31.45	70.12	甲钢
11	Q1-S-220-10-MC-1-A	281.95	22.55	45.89	乙钢
12	Q1-S-220-10-MC-1-B	335.03	21.72	47.86	甲钢
13	Q1-S-108-10-MC-2	401.54	11.20	70.36	乙钢
14	Q1-S-350-14-MC-2	287.73	25.97	33.95	乙钢
15	Q1-S-250-16-MC-3	368.02	16.10	57.28	乙钢
16	Q2-R-350-12-MC-1	319.92	29.60	65.91	乙钢
17	Q2-R-350-12-MC-2	319.92	29.60	49.39	乙钢
18	Q2-R-350-12-MC-3	319.92	29.60	36.84	乙钢
19	Q2-R-300-8-MC-1	332.80	39.29	49.57	乙钢
20	Q2-R-300-8-MC-2	332.80	39.29	24.91	乙钢
21	Q2-R-300-8-MC-3	332.80	39.29	74.23	乙钢
22	Q2-R-400-10-MC-1	343.59	40.81	24.38	乙钢
23	Q2-R-400-10-MC-2	343.59	40.81	74.34	乙钢
24	Q2-R-400-10-MC-3	343.59	40.81	49.48	乙钢

表3.11给出了根据第二章得到的各试件对应截面平板部位屈服强度的平均值f_y，根据其对宽厚比和长细比在不同钢材等级之间进行折算，计算各个试件的参数见表3.12。

表3.12　方形、矩形截面压弯试件参数汇总

序号	试件编号	截面规格	试件实际参数				来源
			n	n_e	$b/t\sqrt{f_y/235}$	$\lambda\sqrt{f_y/235}$	
1	Q2-S-250-8-MC-1-A	250×250×8	0.20	0.22	41.25	87.05	乙钢
2	Q2-S-350-12-MC-2	350×350×12	0.36	0.38	37.10	61.28	乙钢
3	Q2-S-350-12-MC-3	350×350×12	0.54	0.58	37.10	35.60	乙钢
4	Q2-S-220-10-MC-1	220×220×10	0.22		28.75	61.35	乙钢
5	Q2-S-350-16-MC-2	350×350×16	0.33		30.70	37.36	乙钢
6	Q2-S-220-10-MC-3	220×220×10	0.65		28.75	90.05	乙钢
7	Q2-S-135-10-MC-1	135×135×10	0.23		18.43	42.51	乙钢
8	Q2-S-108-10-MC-2	108×108×10	0.46		14.94	95.26	乙钢
9	Q2-S-120-10-MC-3	120×120×10	0.71		16.27	63.49	乙钢
10	Q2-S-250-8-MC-1-B	250×250×8	0.18	0.20	40.43	90.13	甲钢
11	Q1-S-220-10-MC-1-A	220×220×10	0.23		24.70	50.27	乙钢
12	Q1-S-220-10-MC-1-B	220×220×10	0.19		25.93	57.15	甲钢
13	Q1-S-108-10-MC-2	108×108×10	0.43		14.64	91.97	乙钢
14	Q1-S-350-14-MC-2	350×350×14	0.44		28.74	37.57	乙钢
15	Q1-S-250-16-MC-3	250×250×16	0.65		20.15	71.68	乙钢
16	Q2-R-350-12-MC-1	350×250×12	0.24		34.54	76.91	乙钢
17	Q2-R-350-12-MC-2	350×250×12	0.47		34.54	57.62	乙钢
18	Q2-R-350-12-MC-3	350×250×12	0.71		34.54	42.98	乙钢
19	Q2-R-300-8-MC-1	300×200×8	0.20	0.22	46.76	58.99	乙钢
20	Q2-R-300-8-MC-2	300×200×8	0.39	0.45	46.76	29.64	乙钢
21	Q2-R-300-8-MC-3	300×200×8	0.59	0.67	46.76	88.34	乙钢
22	Q2-R-400-10-MC-1	400×200×10	0.20	0.23	49.35	29.48	乙钢
23	Q2-R-400-10-MC-2	400×200×10	0.40	0.45	49.35	89.89	乙钢
24	Q2-R-400-10-MC-3	400×200×10	0.60	0.68	49.35	59.83	乙钢

注：轴压比n_e按《冷弯薄壁型钢结构技术规范》中计算的有效截面计算得到。

3.7　试验现象

各试件对应的截面鼓凹变形形态等试验现象见表3.13所列和如图3.6至图3.7所示。

表3.13　方形、矩形钢管试验现象汇总

序号	试件编号	最大变形位置	截面鼓凹变形形态	首次变形出现时间	破坏模式	延性系数 μ
1	Q2-S-250-8-MC-1-A	0.8	翼缘内凹，腹板外鼓	2-5	局部失稳与整体失稳耦合-情况2	2.62
2	Q2-S-350-12-MC-2	0.7	翼缘内凹，腹板外鼓	3-5	局部失稳与整体失稳耦合-情况1	3.77
3	Q2-S-350-12-MC-3	0.4	翼缘内凹，腹板外鼓	4-2	局部失稳与整体失稳耦合-情况3	3.38
4	Q2-S-220-10-MC-1	0.5	四面外鼓	4-3	强度破坏为主	3.73
5	Q2-S-350-16-MC-2	0.6	翼缘内凹，腹板外鼓	7-2	局部失稳与整体失稳耦合-情况1	3.67
6	Q2-S-220-10-MC-3	0.5	翼缘内凹，腹板外鼓	4-3	整体失稳为主	2.79
7	Q2-S-135-10-MC-1	0.4	四面外鼓	6-2	强度破坏为主	6.75
8	Q2-S-108-10-MC-2	0.5	四边外鼓	6-2	整体失稳为主	3.36
9	Q2-S-120-10-MC-3	0.4	四边外鼓	5-4	整体失稳为主	4.11
10	Q2-S-250-8-MC-1-B	0.3	翼缘内凹，腹板外鼓	3-1	局部失稳与整体失稳耦合-情况2	2.89
11	Q1-S-220-10-MC-1-A	0.5	东面内凹，腹板外鼓	5-1	强度破坏为主	4.51
12	Q1-S-220-10-MC-1-B	0.5	翼缘外鼓，腹板内凹	4-4	强度破坏为主	4.30
13	Q1-S-108-10-MC-2	0.5	四面外鼓	7-1	整体失稳为主	3.20
14	Q1-S-350-14-MC-2	0.5	翼缘内凹，腹板外鼓	4-3	局部失稳与整体失稳耦合-情况1	3.39
15	Q1-S-250-16-MC-3	0.2	翼缘内凹，腹板外鼓	6-3	整体失稳为主	3.88
16	Q2-R-350-12-MC-1	0.4	腹板内凹，翼缘外鼓	3-1	局部失稳与整体失稳耦合-情况2	3.38
17	Q2-R-350-12-MC-2	0.4	翼缘外鼓，腹板内凹	3-4	局部失稳与整体失稳耦合-情况1	3.00
18	Q2-R-350-12-MC-3	0.5	翼缘外鼓，腹板内凹	3-2	局部失稳与整体失稳耦合-情况3	2.82

续表

序号	试件编号	最大变形位置	截面鼓凹变形形态	首次变形出现时间	破坏模式	延性系数 μ
19	Q2-R-300-8-MC-1	0.4	翼缘内凹,腹板外鼓	2-4	局部失稳与整体失稳耦合-情况2	2.63
20	Q2-R-300-8-MC-2	0.4	腹板内凹,翼缘外鼓	3-2	局部失稳与整体失稳耦合-情况3	2.87
21	Q2-R-300-8-MC-3	0.8	腹板内凹,翼缘外鼓	2-5	局部失稳与整体失稳耦合-情况4	2.18
22	Q2-R-400-10-MC-1	0.3	腹板内凹,翼缘外鼓	4-1	局部失稳为主	3.43
23	Q2-R-400-10-MC-2	0.3	腹板外鼓,翼缘内凹	3-1	局部失稳与整体失稳耦合-情况4	2.36
24	Q2-R-400-10-MC-3	0.5	200高处翼缘外鼓,腹板内凹;100高处,西内凹,腹板外鼓	2-6	局部失稳与整体失稳耦合-情况4	2.58

注:(1)最大变形位置是从柱脚根部劲板上端截面处量起。方形钢管最大变形高度值根据钢管的边长进行无量纲化,矩形钢管最大变形高度值根据钢管的长边无量纲化。

(2)首次变形出现时间是指试件柱脚根部附近第一次出现微鼓或微凹变形时对应的加载制度时刻,其中第一个数字2指的是$2\Delta_y$,第二个数字指的是变形发生在第几个加载半圈时。

(3)情况1~情况4说明见本书3.8.1中。

(a) 试件Q2-S-350-12-MC-2

(b) 试件Q1-S-220-10-MC-1-B

图3.6 两对边内凹或外鼓

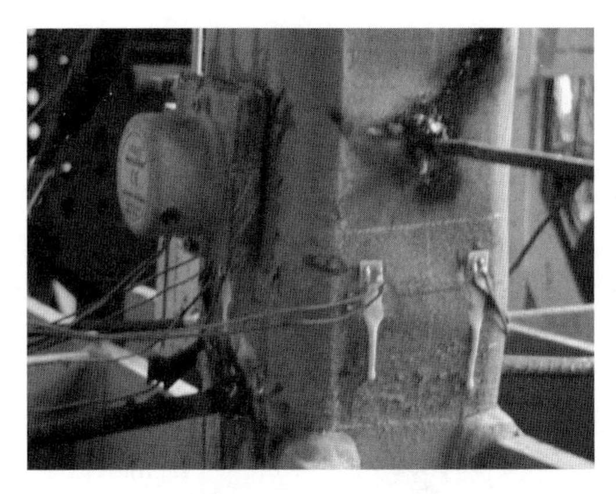

（a）试件Q2-S-108-10-MC-2

（b）试件Q2-S-120-10-MC-3

（c）试件Q2-S-135-10-MC-1

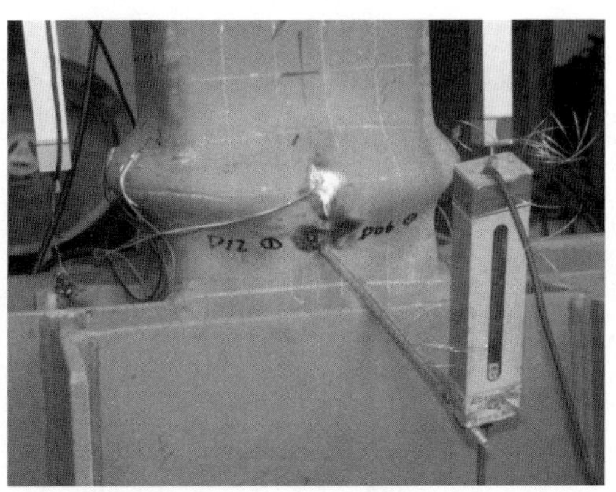

（d）试件Q2-S-220-10-MC-1

图3.7　四周外鼓

需要注意的是，Q2-S-135-10-MC-1四个角部开裂，Q2-S-220-10-MC-1东北角裂纹，但均发生在试验后期承载力下降很多时，不影响试验结果。

3.8　试验结果与分析

3.8.1　滞回曲线

图3.8给出了方形、矩形钢管截面各试件的水平荷载-侧移关系（$V-\varDelta$）曲线。其中V为水平荷载；$\varDelta$为实测销轴处侧向位移（向西为正，向东为负）。图中选用峰值的0.85作为构件滞回曲线分隔点，是因为峰值过后的下降段上的0.85峰

值点是破坏点。之后进行的试验已属于破坏后的阶段，在工程应用中不具有实际意义。

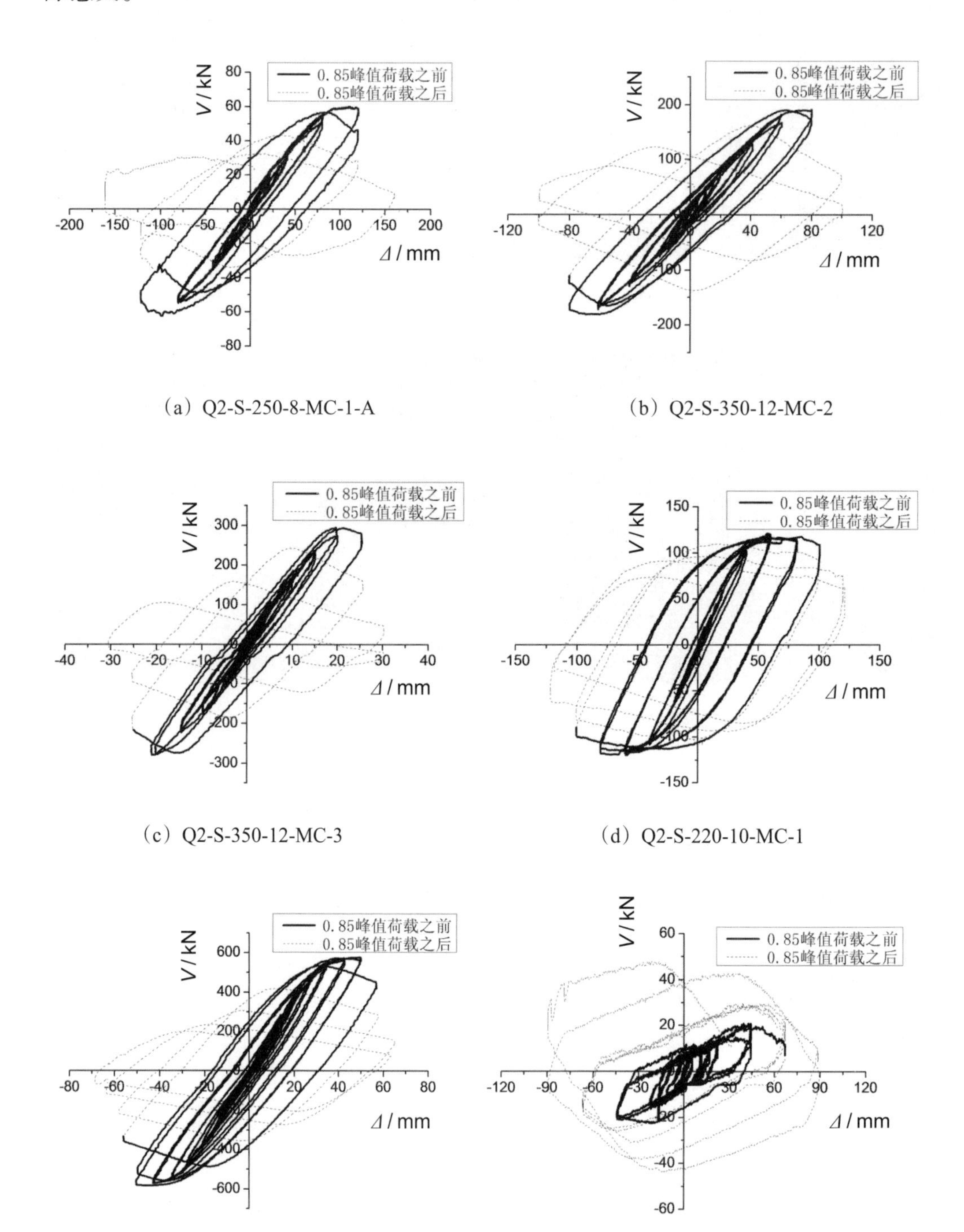

（a）Q2-S-250-8-MC-1-A　（b）Q2-S-350-12-MC-2

（c）Q2-S-350-12-MC-3　（d）Q2-S-220-10-MC-1

（e）Q2-S-350-16-MC-2　（f）Q2-S-220-10-MC-3

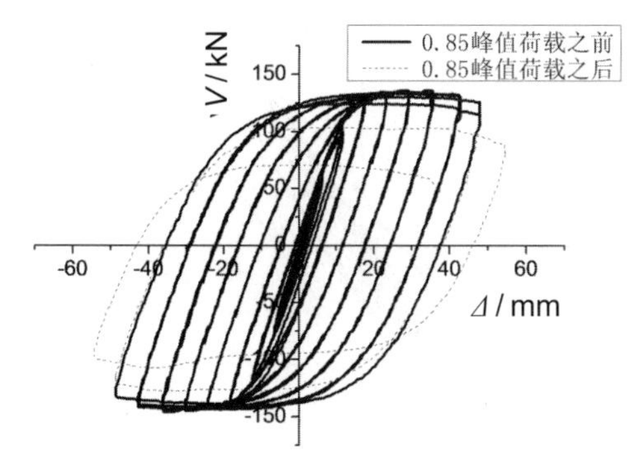

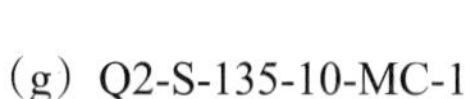
(g) Q2-S-135-10-MC-1

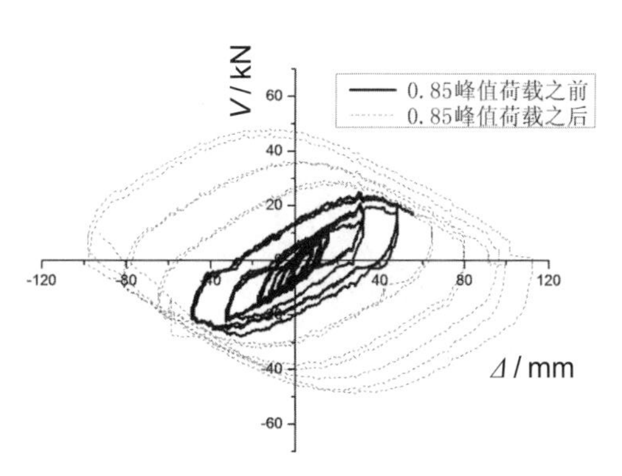

(h) Q2-S-108-10-MC-2

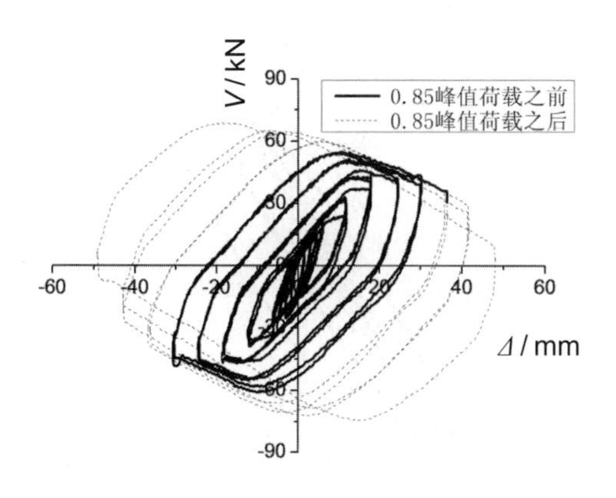

(i) Q2-S-120-10-MC-3

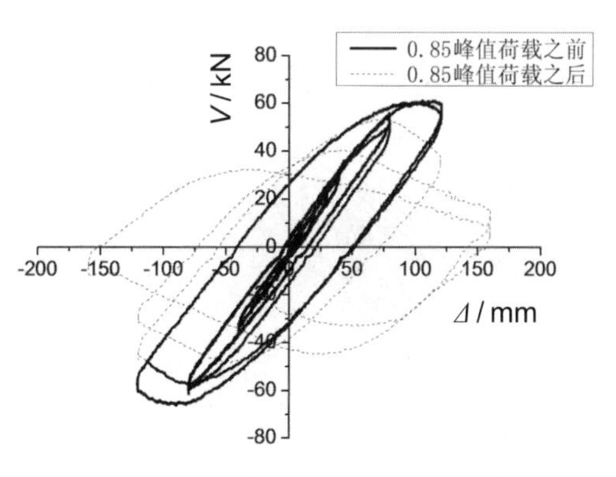

(j) Q2-S-250-8-MC-1-B

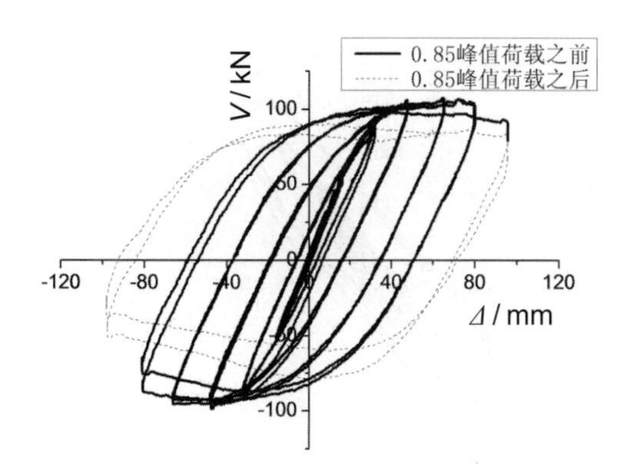

(k) Q1-S-220-10-MC-1-A

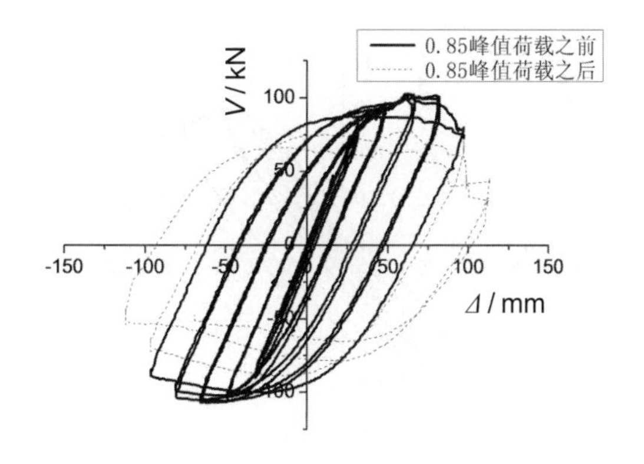

(l) Q1-S-220-10-MC-1-B

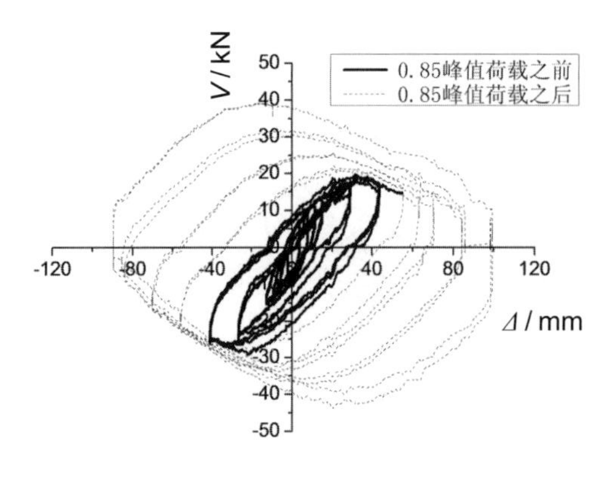

（m）Q1-S-108-10-MC-2

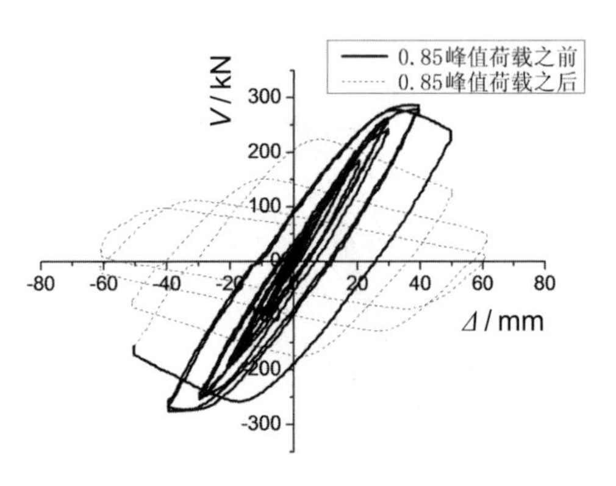

（n）Q1-S-350-14-MC-2

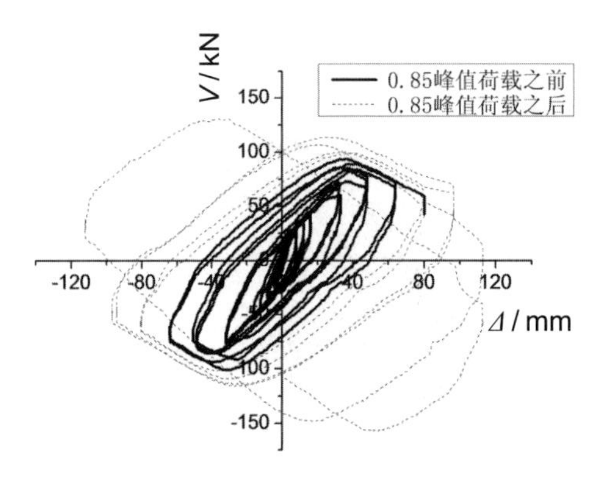

（o）Q1-S-250-16-MC-3

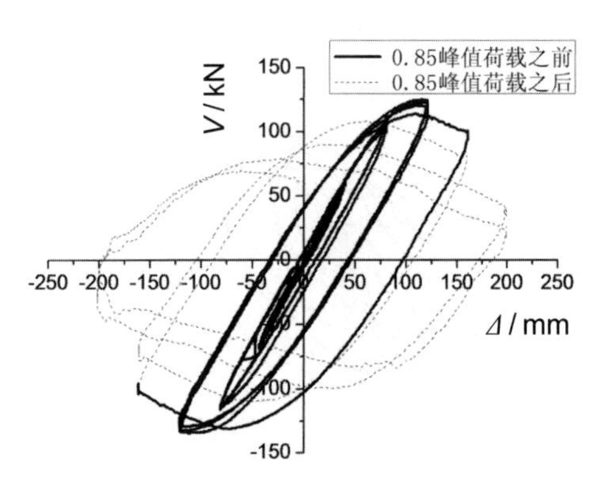

（p）Q2-R-350-12-MC-1

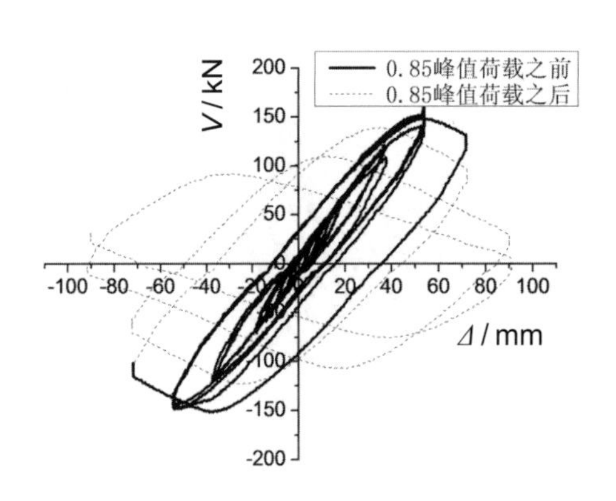

（q）Q2-R-350-12-MC-2

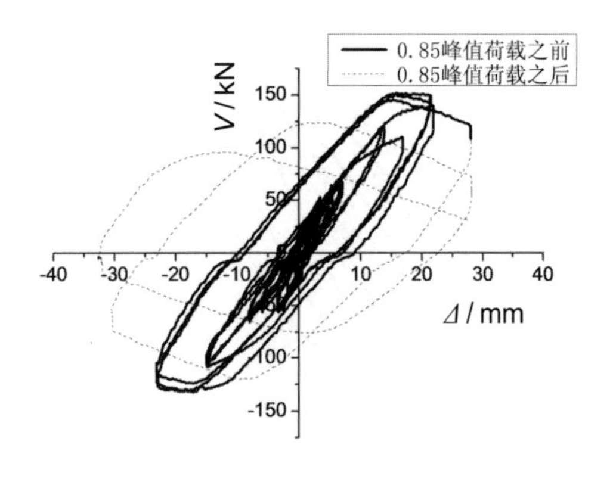

（r）Q2-R-350-12-MC-3

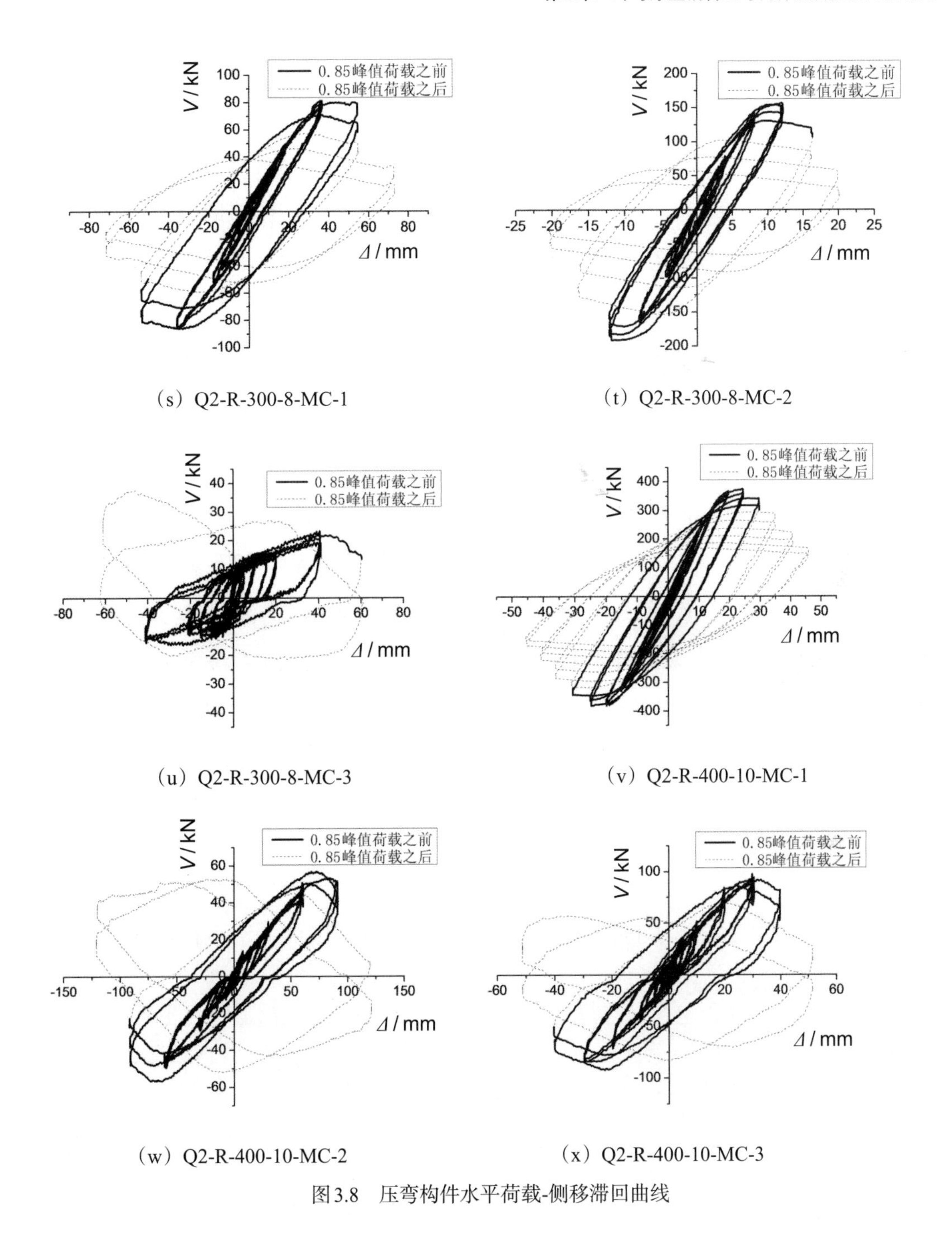

（s）Q2-R-300-8-MC-1　　（t）Q2-R-300-8-MC-2

（u）Q2-R-300-8-MC-3　　（v）Q2-R-400-10-MC-1

（w）Q2-R-400-10-MC-2　　（x）Q2-R-400-10-MC-3

图3.8　压弯构件水平荷载-侧移滞回曲线

滞回曲线的形状和饱满程度与试件的宽厚比 b/t 、长细比 λ 和轴压比 n 等参数密切相关。根据各参数范围，可分为四种情况。

（1）当参数 b/t 和 n 较小，同时 λ 取值适中时，滞回曲线形状如试件Q2-S-220-10-MC-1、Q2-S-135-10-MC-1所示。此类试件以强度破坏为主，试件的承载力达到峰值荷载以后，强度和刚度几乎不退化，经过若干循环，构件根部接近全截面屈服以后，承载力开始缓慢降低。

（2）当参数 n 和 λ 较大、b/t 较小时，滞回曲线形状如试件Q1-S-250-16-MC-3、Q2-S-120-10-MC-3所示。此类试件整体失稳起控制作用，由于轴压比较大，试件受到侧向荷载失稳后，承载力迅速下降。同时由于试件的宽厚比较小，试件不发生局部屈曲。

（3）当参数 b/t 较大，n 和 λ 较小时，滞回曲线形状如试件Q2-R-400-10-MC-1所示。此类试件局部屈曲起控制作用，达到峰值荷载后，试件的强度和刚度随着局部屈曲的逐步发展缓慢下降。

（4）当参数 b/t 、λ 和 n 取值适中（情况1），b/t 和 λ 较大、n 较小（情况2），或 b/t 和 n 较大、λ 较小（情况3）时，滞回曲线形状如试件Q2-S-250-8-MC-1-A、Q2-R-400-10-MC-2所示。此类试件局部屈曲和整体失稳相互耦合影响，试件的承载力达到峰值荷载以后，试件强度和刚度明显下降。特别是当参数 n 、λ 和 b/t 均较大（情况4）时，此类试件达到峰值荷载后随即破坏，试件的延性和耗能较差。

各试件对应的破坏模式见表3.13。

3.8.2 骨架曲线

图3.9至图3.12给出了按破坏模式分类对应的所有试件的水平荷载-侧移骨架曲线。

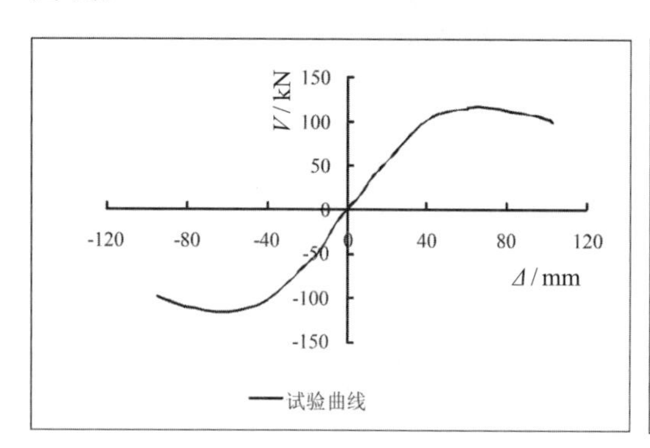

（a）Q2-S-220-10-MC-1

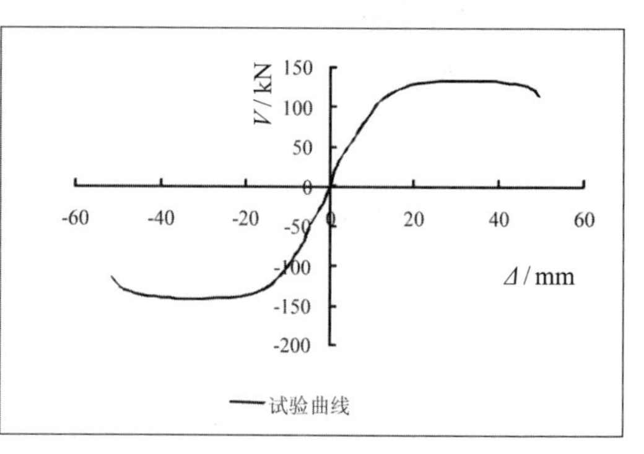

（b）Q2-S-135-10-MC-1

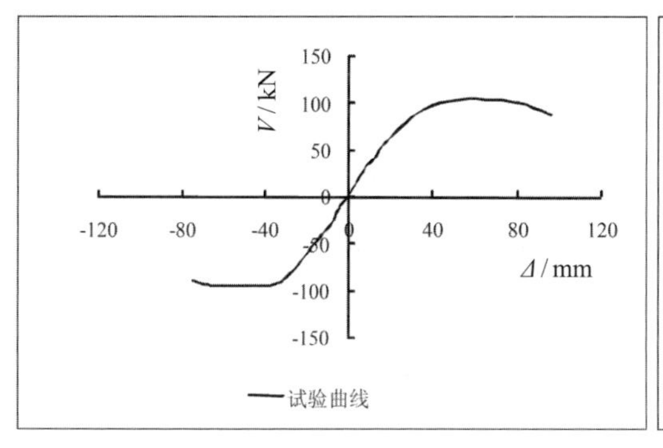

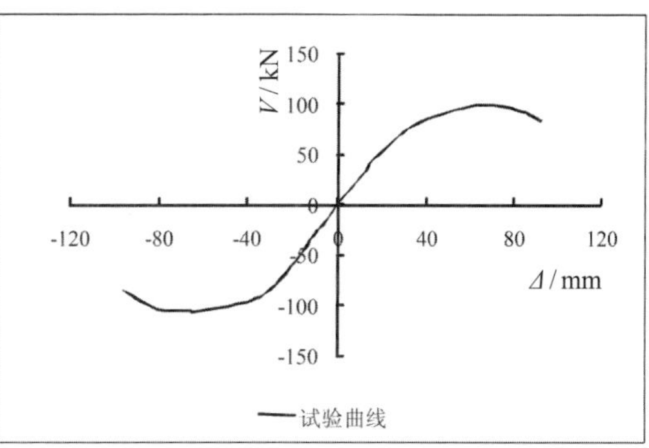

（c）Q1-S-220-10-MC-1-A　　（d）Q1-S-220-10-MC-1-B

图3.9　强度破坏模式对应的骨架曲线

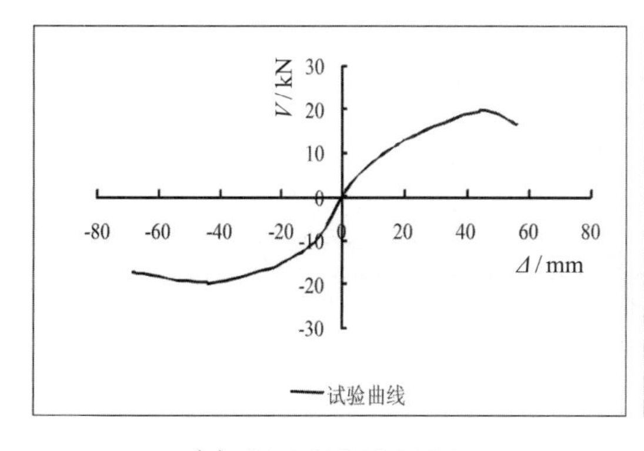

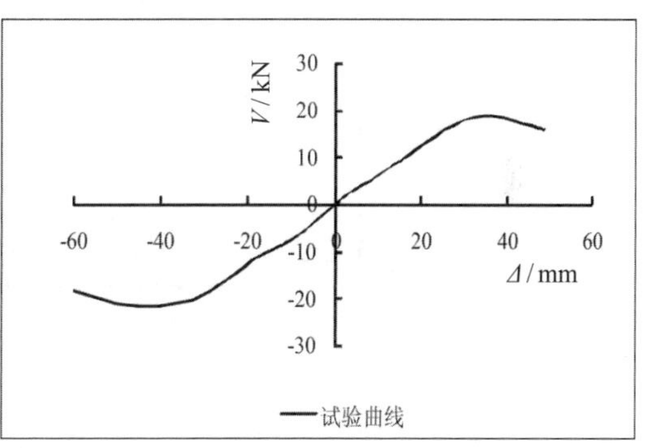

（a）Q2-S-220-10-MC-3　　（b）Q2-S-108-10-MC-2

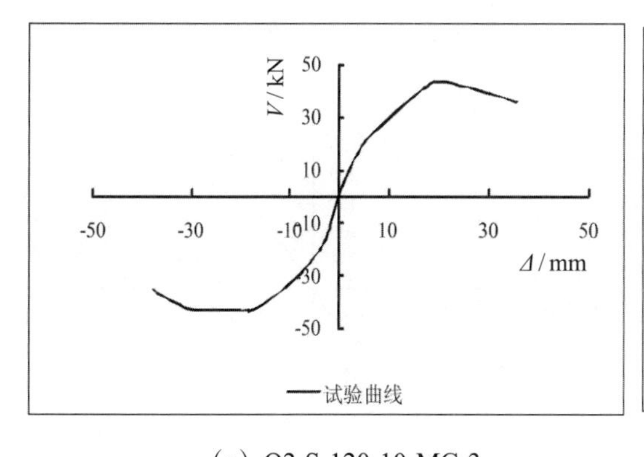

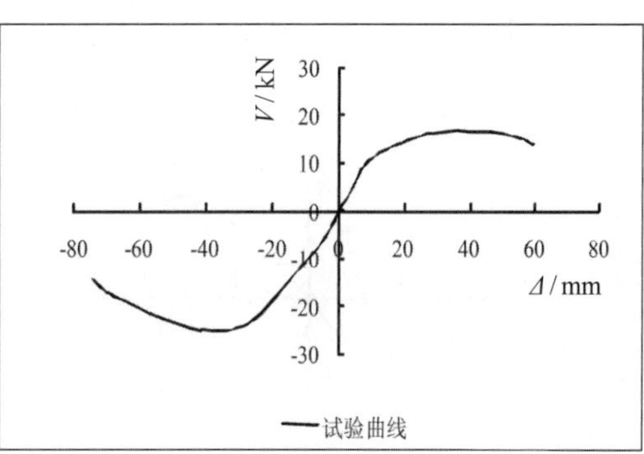

（c）Q2-S-120-10-MC-3　　（d）Q1-S-108-10-MC-2

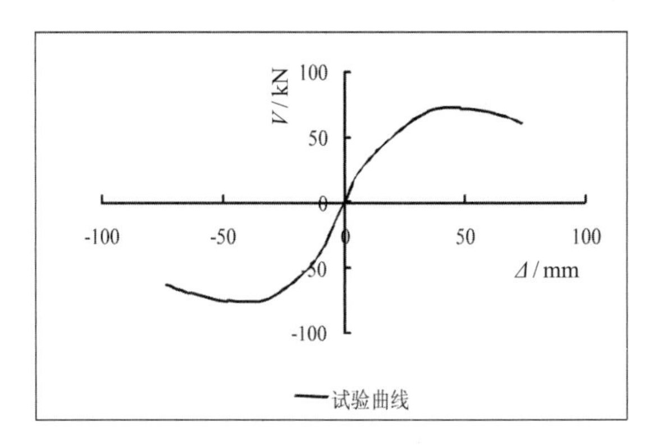

（e）Q1-S-250-16-MC-3

图3.10　整体失稳破坏模式对应的骨架曲线

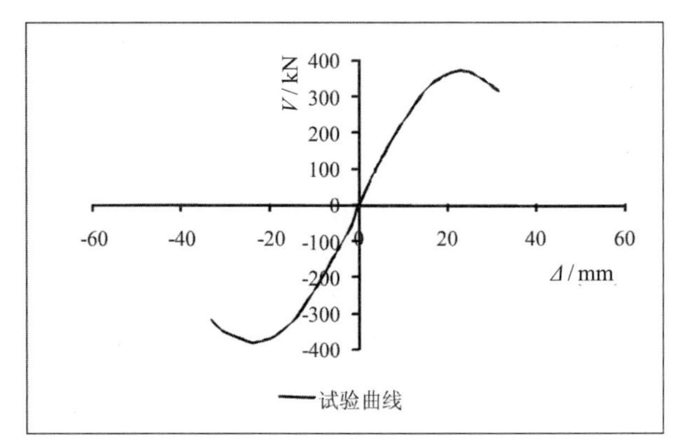

图3.11　局部失稳破坏模式对应的骨架曲线（Q2-R-400-10-MC-1）

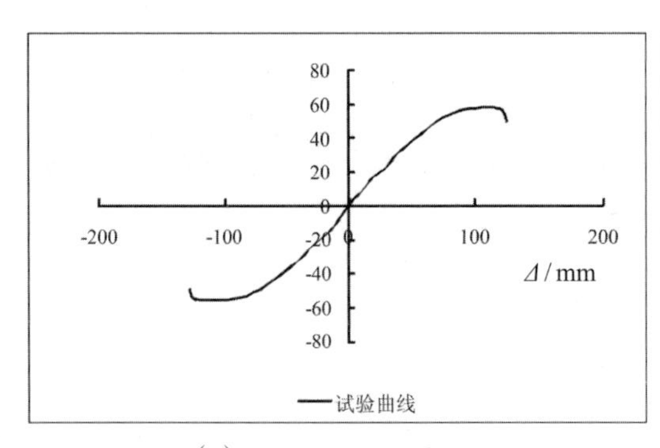

（a）Q2-S-250-8-MC-1-A

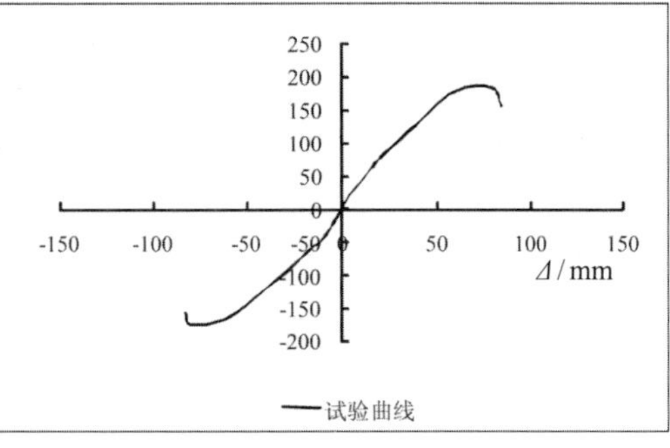

（b）Q2-S-350-12-MC-2

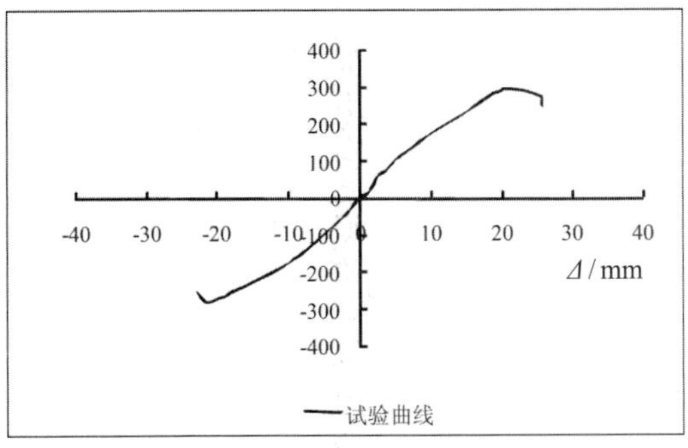

(c) Q2-S-350-12-MC-3

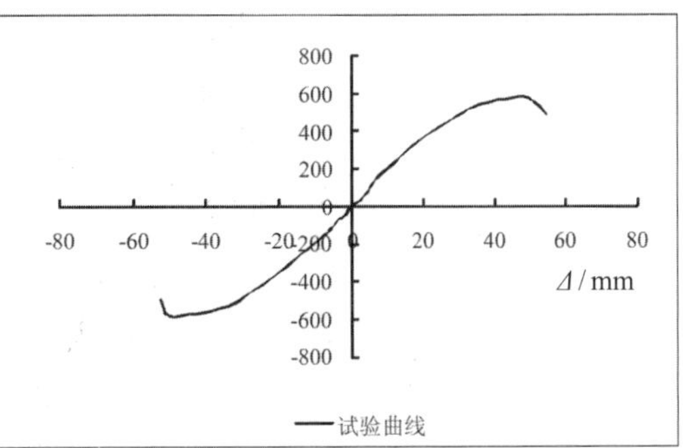

(d) Q2-S-350-16-MC-2

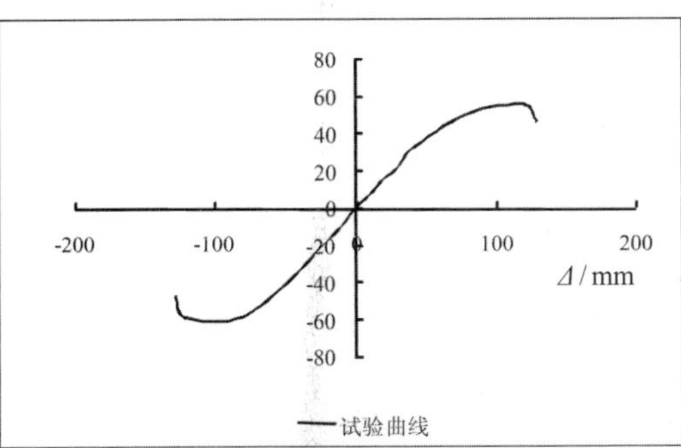

(e) Q2-S-250-8-MC-1-B

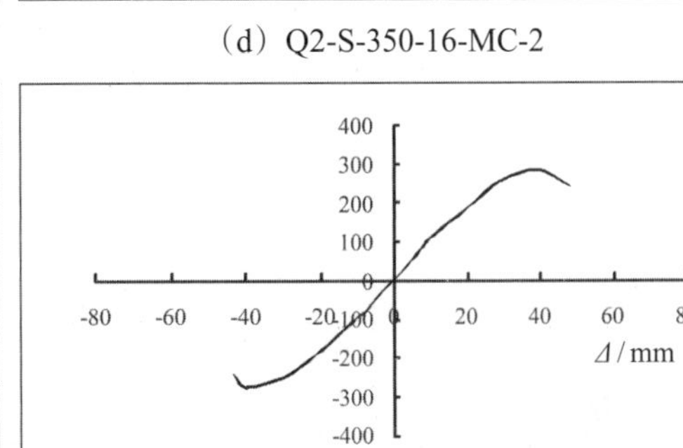

(f) Q1-S-350-14-MC-2

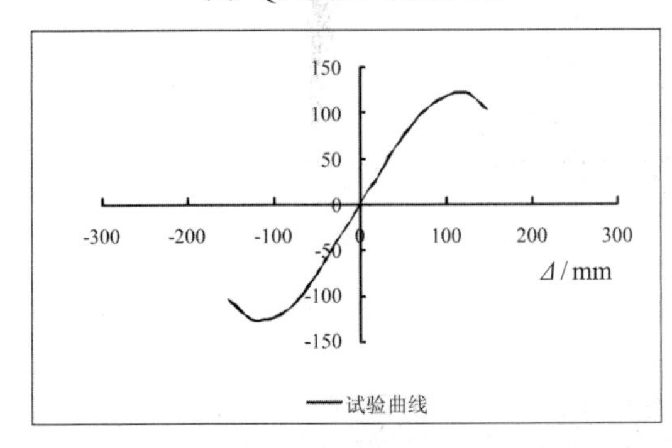

(g) Q2-R-350-12-MC-1

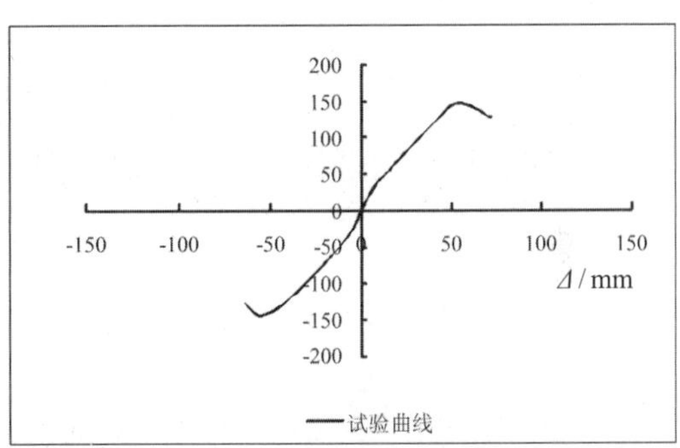

(h) Q2-R-350-12-MC-2

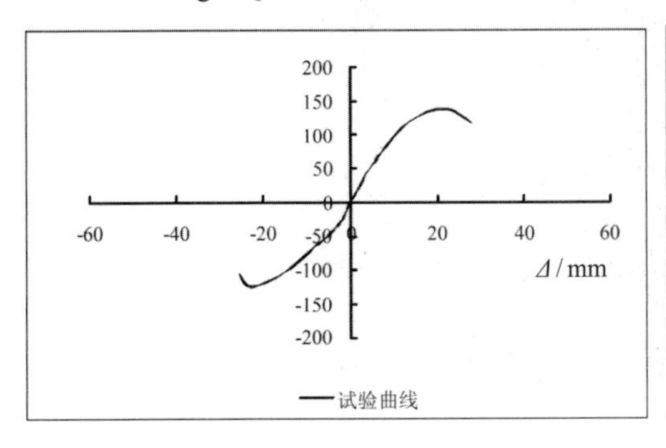

(i) Q2-R-350-12-MC-3

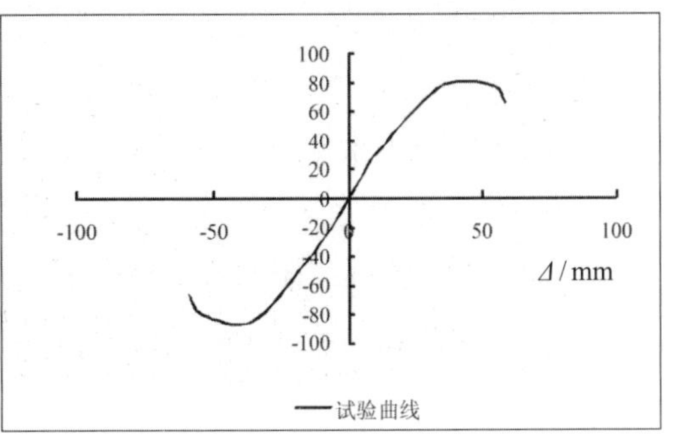

(j) Q2-R-300-8-MC-1

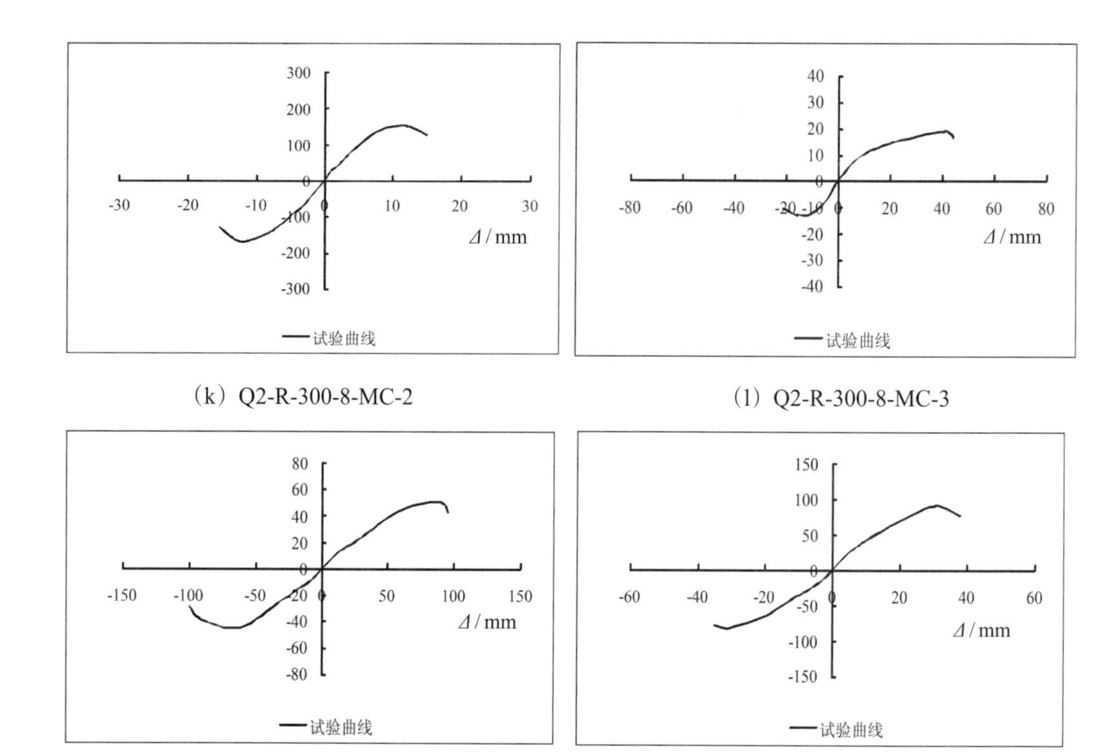

（k）Q2-R-300-8-MC-2　　（l）Q2-R-300-8-MC-3

（m）Q2-R-400-10-MC-2　　（n）Q2-R-400-10-MC-3

图3.12　局部和整体失稳耦合破坏模式对应的骨架曲线

由图可知，所有骨架曲线正、反向基本对称，走势相似，从弹性变形到屈服点，达最大荷载后，开始下降直至塑性破坏。长细比、宽厚比和轴压比越大，试件的峰值荷载、延性越小，加载后期试件的承载力及刚度退化越严重。发生强度破坏的试件，在达到峰值荷载之后，随着侧移继续增大，荷载缓慢降低，试件表现出较好的延性；而对其他破坏模式，达到峰值点后，试件承载力随变形增大而迅速降低，延性和耗能较差。

3.8.3　位移延性系数

延性是衡量材料、构件或结构变形能力的重要参数，是指构件（材料或结构）破坏之前，在承载力无明显降低的条件下，经受塑性变形的能力[56]。采用位移延性系数 μ 表达构件的延性，计算公式为

$$\mu = \Delta_u / \Delta_y \tag{3.1}$$

式中，Δ_u为构件的极限位移，取骨架曲线峰值荷载下降15%时对应的位移；Δ_y为构件的屈服位移，采用等能量法[59]由骨架曲线计算得到。等能量法的原理如图3.10所示，计算原则如下：通过坐标原点O点作V-Δ曲线的切线，过最高水平荷载点作一斜线相交于A点，使得OAB阴影面积与BCB阴影面积相等，则A点所对应的横、纵坐标即为屈服位移Δ_y和屈服荷载V_y。

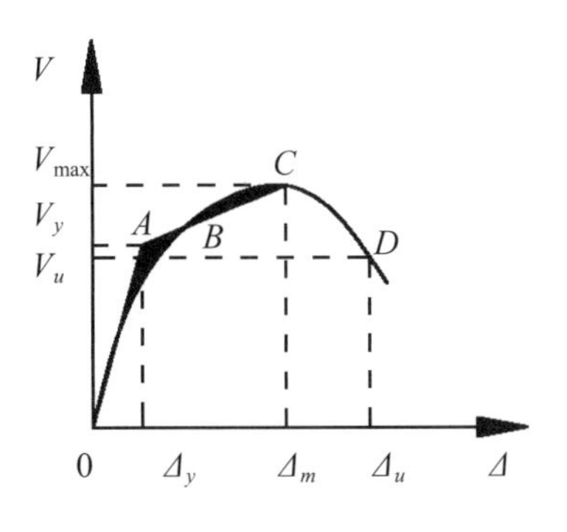

图3.10　等能量法

图3.11（a）～图3.11(c）从正交试验结果的角度分别给出各参数对试件延性的影响。由图可见，位移延性系数随长细比、宽厚比和轴压比的增大而呈现降低趋势。原因在于长细比越大，构件越容易发生整体失稳；宽厚比越大，构件越容易发生局部失稳；轴压比越大，试件能承受的外载越小。三个参数相互耦合，共同影响压弯试件的延性性能。各试件的延性系数列于表3.13。

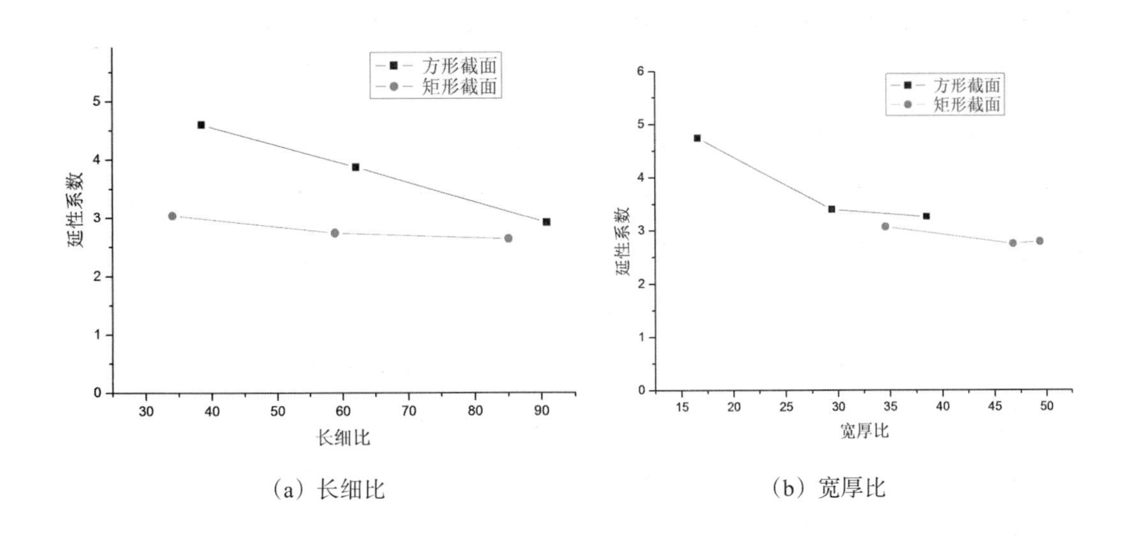

（a）长细比　　　　　　　　（b）宽厚比

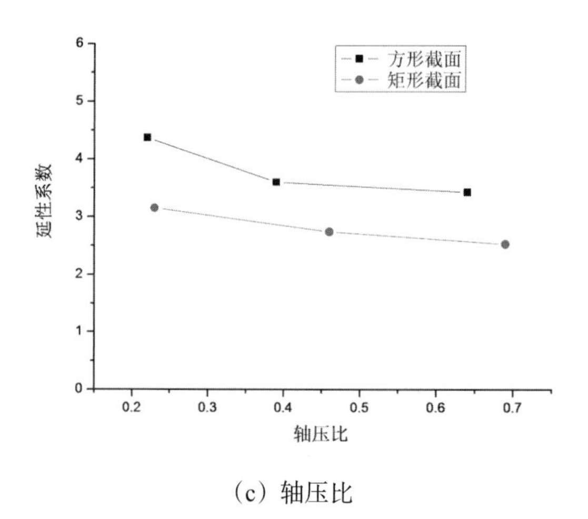

（c）轴压比

图3.11　各参数对延性系数的影响

3.9　本章小结

本章对方形、矩形截面的压弯试件进行了低周反复荷载试验研究，得到各试件的荷载-位移滞回曲线和骨架曲线，考察了不同钢材等级、宽厚比、长细比对试件的强度和延性的影响。主要结论如下。

（1）试件最终破坏时对应的截面鼓凹变形形态主要取决于试件的宽厚比。大部分试件的破坏模式均为邻近柱脚处局部屈曲，即两对边发生内凹，邻边发生外鼓的现象；试件Q2-S-135-10-MC-1、Q2-S-108-10-MC-2、Q2-S-120-10-MC-3、Q1-S-108-10-MC-2的宽厚比分别为13.86、10.99、12.28和11.20，均比较小，呈现四周外鼓的变形形态。试件Q2-S-220-10-MC-1的宽厚比为22.58，轴压比为0.22，也发生四周外鼓破坏现象。

（2）根据试件的宽厚比 b/t 、长细比 λ 和轴压比 n ，将试件的破坏模式归纳成强度破坏、整体失稳破坏、局部失稳破坏、局部和整体失稳耦合破坏四种情况。其中，强度破坏时各试件的参数覆盖范围轴压比为0.19～0.23、长细比为42.51～61.35、宽厚比为18.43～28.75；整体失稳破坏时各试件的参数覆盖范围轴压比为0.43～0.71、长细比为63.49～95.26、宽厚比为14.64～28.75；发生局部失稳的试件Q2-R-400-10-MC-1的轴压比、长细比和宽厚比分别为0.20、29.48和49.35。发生整体和局部失稳耦合破坏的试件，根据其轴压比、长细比和宽厚比的范围，又分成四种情况：情况1对应的轴压比、长细比和宽厚比的范围分别为0.33～0.47、37.36～61.28和28.74～

37.10；情况2对应的轴压比、长细比和宽厚比的范围分别为0.18～0.24、58.99～90.13和34.54～46.76；情况3对应的轴压比、长细比和宽厚比的范围分别为0.40～0.71、29.64～42.98和34.54～46.76；情况4对应的轴压比、长细比和宽厚比的范围分别为0.41～0.67、59.83～89.89和46.76～49.35。

（3）长细比、宽厚比和轴压比越大，试件骨架曲线下降段越陡，加载后期试件的承载力及刚度退化越严重。

（4）长细比、宽厚比和轴压比是影响压弯试件延性的三个最主要因素。各参数越大，试件的延性越差。

第4章

冷弯厚壁钢管低周反复压弯构件有限元分析

4.1 引言

目前，利用大型有限元软件ANSYS和ABAQUS对钢构件单调和反复荷载[84-85]作用下的数值模拟技术已经比较成熟，Nip等[84]学者对冷弯薄壁支撑构件低周反复荷载作用下的数值模拟已表明与已有的试验结果吻合较好。数值模拟的关键在于软件中参数的处理和实现，例如如何考虑初始局部和整体几何缺陷、残余应力、本构关系、冷弯效应、材质不均匀、端部支座等因素的影响，而其中部分因素又是基于试验基础上得到的。因此试验和数值模拟技术相辅相成、互相补充。

为全面了解各因素对构件的承载力、延性及耗能等抗震性能的具体影响，需要对试验考察的主要影响因素（宽厚比、长细比和轴压比）进行参数分析。

4.2 数值计算模型

4.2.1 边界条件

在试验中，柱顶为“可移动”的单向销铰，柱底为固定端。采用ANSYS软件对试件进行模拟。有限元模拟时，将柱底的三个平动（UX 、UY、UZ ）和三个转动自由度（RX 、RY、RZ ）全部约束住，柱顶只约束其Z轴方向的平动位移（UZ ）即可。ANSYS有限元边界条件如图4.1所示。

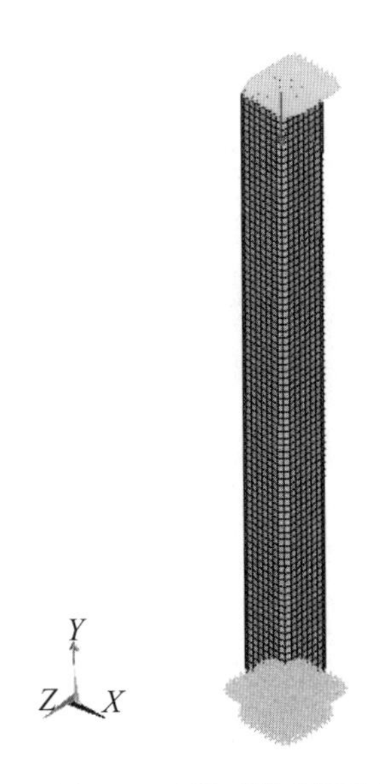

图4.1　有限元模型及边界条件

悬臂柱的长度取刚性支座上端至销铰加载中心线的垂直距离。为了减小应力集中对试件受力性能的影响，悬臂柱上端设置厚为10 mm的加载端板，此端板的弹性模量采用的是比钢管壁大10倍（即 2×10^6 MPa ）的弹性模量。

轴向荷载以集中荷载形式作用于柱顶加载端板的形心位置，水平荷载则以位移加载的形式作用于加载中心。为了方便与试验结果对比，有限元模拟时，水平位移的加载制度与试验加载制度一致。水平位移作用方向沿 X 轴。

4.2.2　单元选取

加载端板和柱身分别采用Shell63和Shell181单元[97-99]。Shell181具有如下特点：

（1）Shell181为4节点6自由度的壳单元，适合分析薄壳和中厚壳结构；

（2）可很好地应用于线性、大转角或大应变等非线性分析。

（3）此单元可应用非线性混合强化模型，并且支持读入初应力文件等功能。

4.2.3　本构关系

金属材料的本构关系由弹性部分和非弹性部分组成。弹性部分通常由弹性模量 E 及弹性极限应力 σ_0 即可描述。对非弹性部分需要确定合适的屈服标准，流动法则和硬化法则。

采用综合考虑非线性随动硬化和非线性等向硬化的非线性混合强化模型来模拟循环荷载作用下钢材的非弹性性能。模型中，非线性随动硬化采用4个背应力叠加的模式[100]。等向硬化部分，塑性应变为0对应的应力取第二章实测得到的屈服强度，对截面上平板、角部及焊缝对面平板区域分别采用各自相应的实测值 f_y 、f_y^C 和 f_y^{F2} ，见表4.1，其在截面上所处的位置见图4.2。各截面的边长B及H值见第三章中表3.11，r的取值为$2t$。

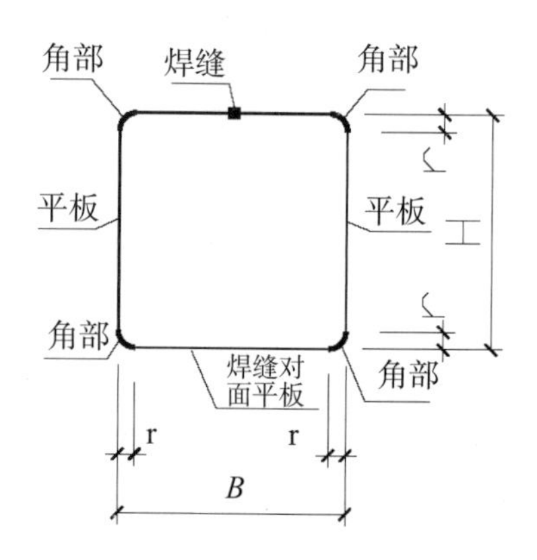

图4.2　有限元模型截面强度分布图

表4.1　方形、矩形截面压弯试件实测强度

序号	钢材等级	截面规格	f_y	f_y^{F2}	f_y^C	来源
1	Q345	250×250×8	361.60	378.76	520.79	乙钢
2	Q345	350×350×12	380.97	373.26	534.49	乙钢
3	Q345	220×220×10	381.00	399.12	539.54	乙钢
4	Q345	350×350×16	422.73	415.68	570.97	乙钢
5	Q345	135×135×10	415.64	431.13	540.70	乙钢
6	Q345	108×108×10	434.55	539.18	518.02	乙钢
7	Q345	120×120×10	412.68	418.84	533.58	乙钢
8	Q345	250×250×8	388.30	391.66	560.04	甲钢
9	Q235	220×220×10	281.95	295.27	441.47	乙钢
10	Q235	220×220×10	335.03	341.76	488.94	甲钢

续表

序号	钢材等级	截面规格	f_y	f_y^{F2}	f_y^{C}	来源
11	Q235	108×108×10	401.54	410.51	495.22	乙钢
12	Q235	350×350×14	287.73	316.54	441.21	乙钢
13	Q235	250×250×16	368.02	392.45	482.72	乙钢
14	Q345	350×250×12	319.92	363.46	492.68	乙钢
15	Q345	300×200×8	332.80	355.03	493.54	乙钢
16	Q345	400×200×10	343.59	394.55	529.20	乙钢

4.2.4　残余应力

根据文献[26]研究得到的方变方的冷弯厚壁型钢纵向残余应力分布模式（见图4.3），通过读入初应力文件的方式施加在每个单元的截面积分点上。初应力文件的形成过程如下：首先，对所有单元进行循环，获得单元的坐标信息；其次，根据单元的坐标判定此单元的初始残余应力值；最后，把此单元的初始残余应力值按照初应力文件的格式输出到指定的初应力文件中。采用INISTATE命令可以把初应力文件输入有限元模型中[101]。

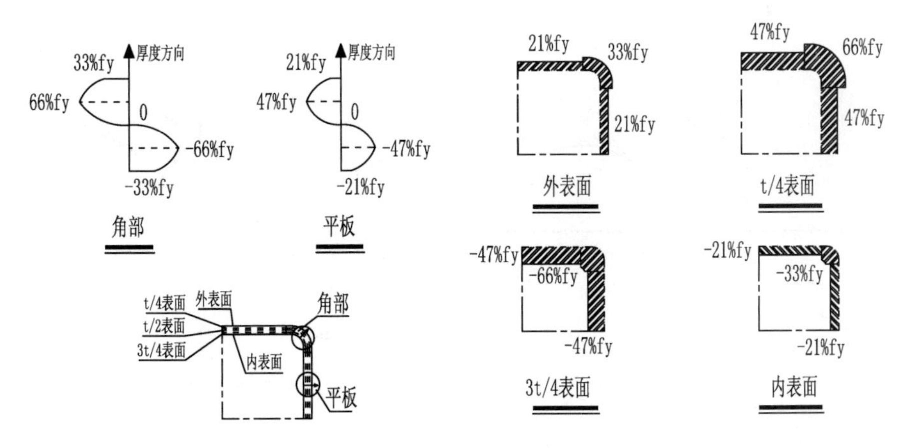

图4.3　文献[26]给出的冷弯厚壁钢管纵向残余应力分布模式

对不同破坏模式的试件分别考虑残余应力与不考虑残余应力进行计算，水平荷载和侧移滞回曲线和骨架曲线分别见图4.4和图4.5。

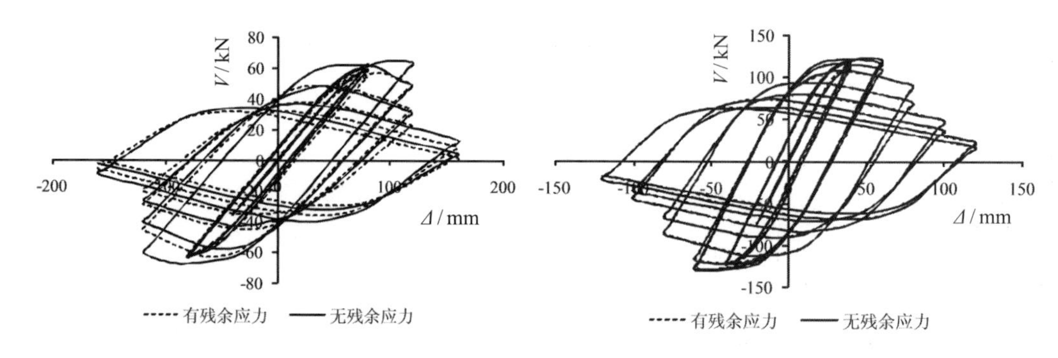

（a）整体与局部失稳耦合破坏（Q2-S-250-8-MC-1-A） （b）强度破坏（Q2-S-220-10-MC-1）

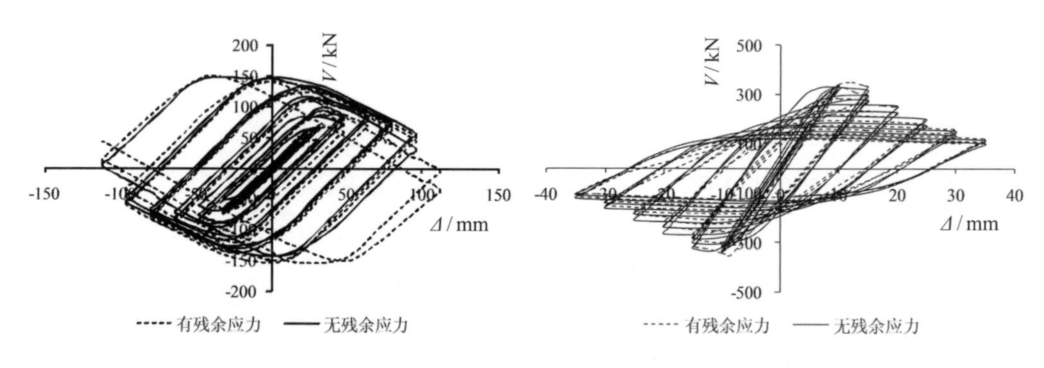

（c）整体失稳破坏（Q1-S-250-16-MC-3） （d）局部失稳破坏（Q2-R-400-10-MC-1）

图4.4　四种破坏模式下有无残余应力得到的滞回曲线比较

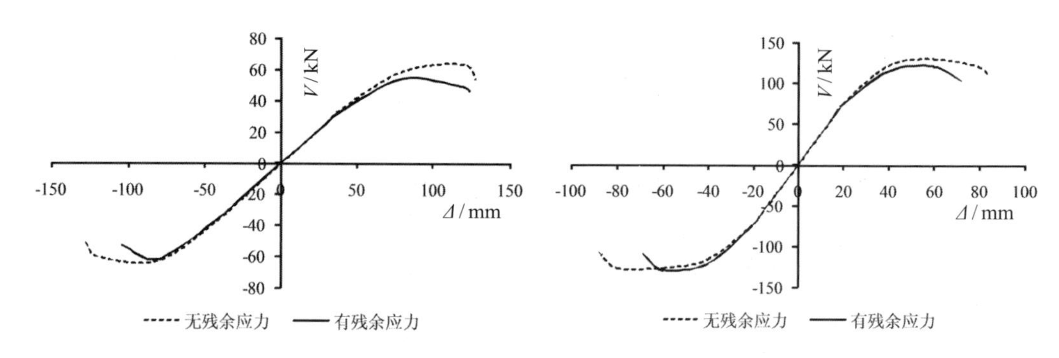

（a）整体与局部失稳耦合破坏（Q2-S-250-8-MC-1-A） （b）强度破坏（Q2-S-220-10-MC-1）

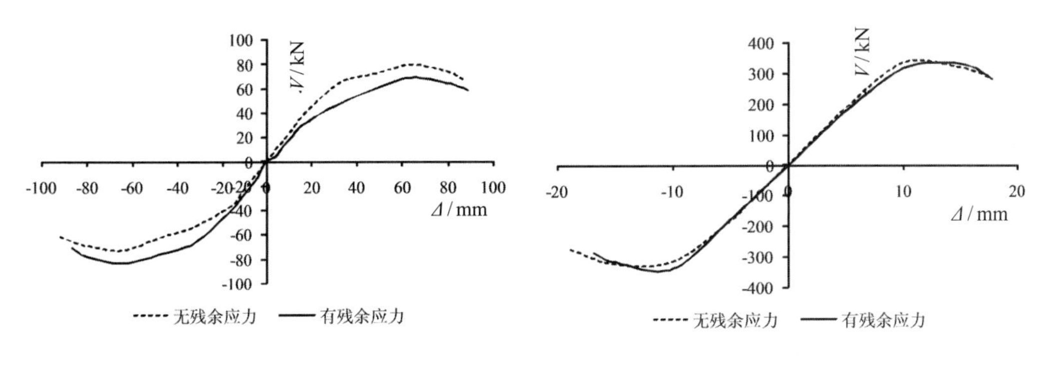

（c）整体失稳破坏（Q1-S-250-16-MC-3）（d）局部失稳破坏（Q2-R-400-10-MC-1）

图4.5 四种破坏模式下有无残余应力得到的骨架曲线比较

表4.2给出了考虑残余应力与不考虑残余应力得到的峰值荷载、峰值位移值和极限位移值。其中，符号 $\varDelta_m^{\text{with}}$ 、$V_{\max}^{\text{with}}$ 和 $\varDelta_u^{\text{with}}$ 表示考虑残余应力得到的峰值位移、峰值荷载和极限位移值；符号 $\varDelta_m^{\text{no}}$ 、$V_{\max}^{\text{no}}$ 和 $\varDelta_u^{\text{no}}$ 表示不考虑残余应力得到的各值。

表4.2 考虑残余应力与不考虑残余应力的结果比较

试件编号	考虑残余应力			不考虑残余应力			$\varDelta_m^{\text{no}}/\varDelta_m^{\text{with}}$	$V_{\max}^{no}/V_m^{with}$	$\varDelta_u^{no}/\varDelta_u^{with}$
	$\varDelta_m^{\text{with}}$	$V_{\max}^{\text{with}}$	$\varDelta_u^{\text{with}}$	$\varDelta_m^{\text{no}}$	$V_{\max}^{\text{no}}$	$\varDelta_u^{\text{no}}$			
Q2-S-250-8-MC-1-A	80.07	54.11	124.69	120.15	63.88	127.97	1.50	1.18	1.03
Q2-S-220-10-MC-1	60.08	120.98	72.13	60.00	130.08	84.01	1.00	1.08	1.16
Q1-S-250-16-MC-3	64.00	69.03	88.77	64.00	79.50	86.87	1.00	1.15	0.98
Q2-R-400-10-MC-1	14.99	330.96	17.78	10.00	334.90	17.63	0.67	1.01	0.99

由图4.4和表4.2可知，残余应力对试件Q2-S-250-8-MC-1-A和Q2-R-400-10-MC-1的峰值荷载略有影响，误差在10%以内。对各破坏模式对应试件的峰值荷载和滞回性能影响不明显，为提高计算效率，对后续参数分析的有限元模型不再施加残余应力。

4.3 有限元模拟结果与试验结果对比

4.3.1 破坏后鼓凹变形形态对比

各个试件根据有限元模拟得到的破坏后，鼓凹变形形态与试验破坏后的变形形态的比较见图4.6至图4.29。

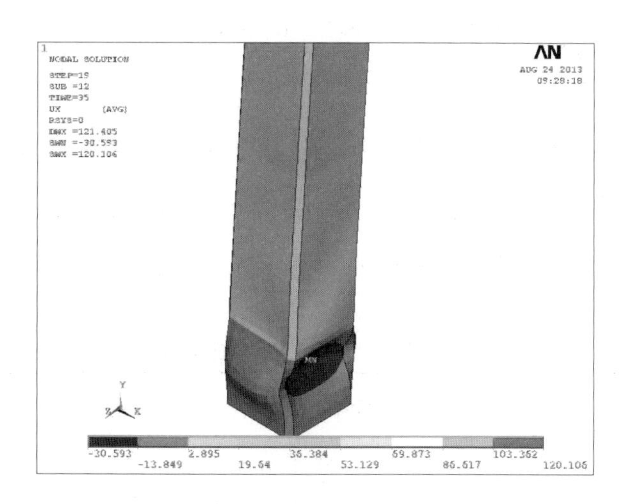

（a）试验　　（b）有限元模拟

图4.6　试件Q2-S-250-8-MC-1-A试验与有限元模拟的破坏后变形形态的比较

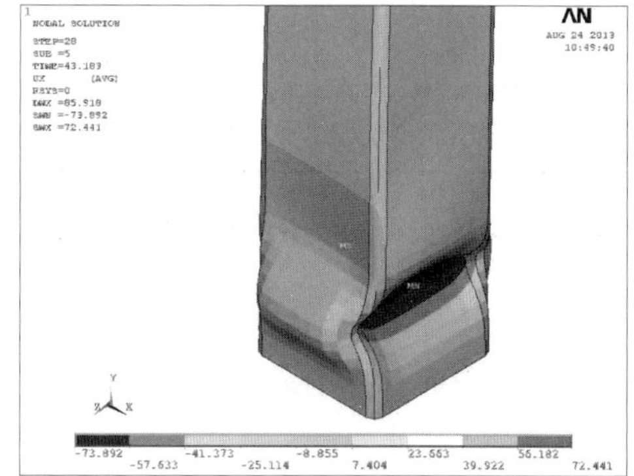

（a）试验　　（b）有限元模拟

图4.7　试件Q2-S-350-12-MC-2试验与有限元模拟的破坏后变形形态的比较

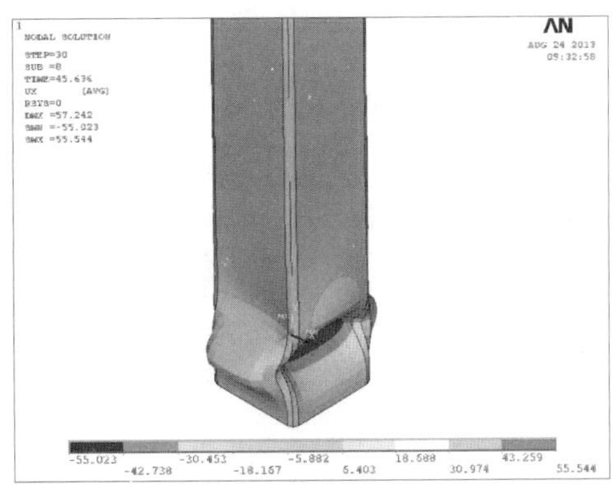

（a）试验　　　　　　　　　　　　　　（b）有限元模拟

图4.8　试件Q2-S-350-12-MC-3试验与有限元模拟的破坏后变形形态的比较

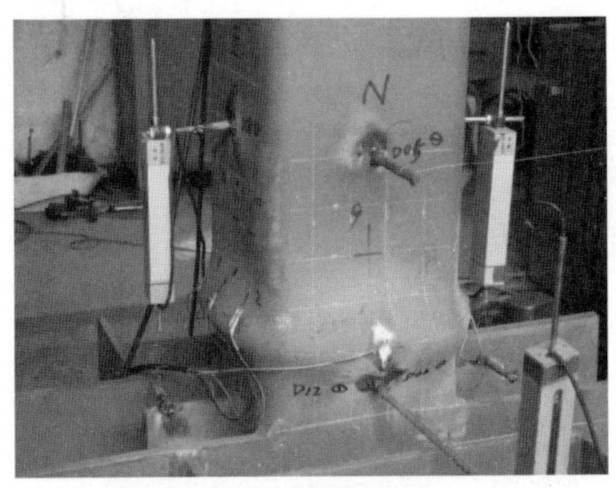

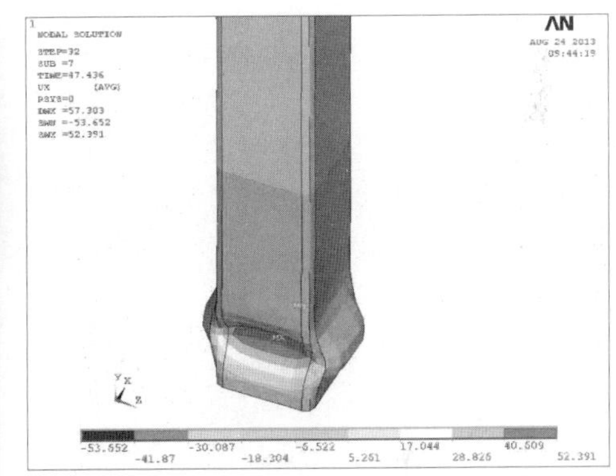

（a）试验　　　　　　　　　　　　　　（b）有限元模拟

图4.9　试件Q2-S-220-10-MC-1试验与有限元模拟的破坏后变形形态的比较

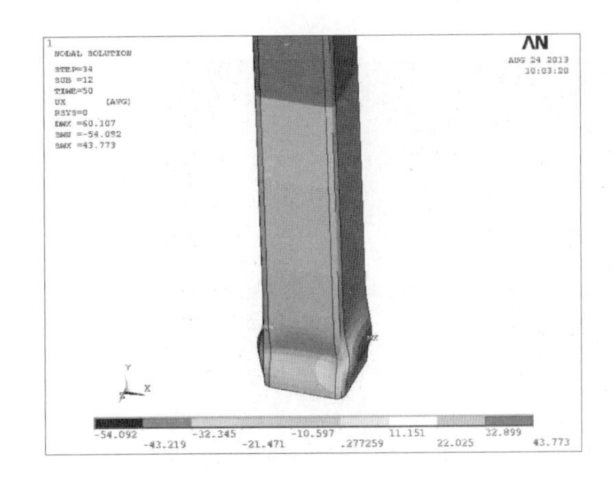

（a）试验　　　　　　　　　　　　　　（b）有限元模拟

图4.10　试件Q2-S-350-16-MC-2试验与有限元模拟的破坏后变形形态的比较

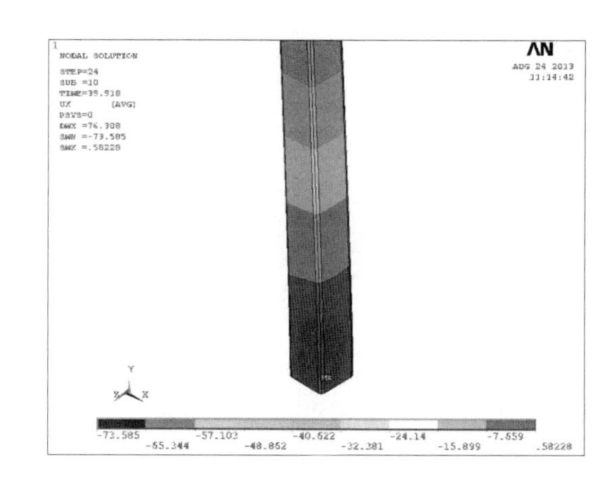

（a）试验　　　　　　　　（b）有限元模拟

图4.11　试件Q2-S-220-10-MC-3试验与有限元模拟的破坏后变形形态的比较

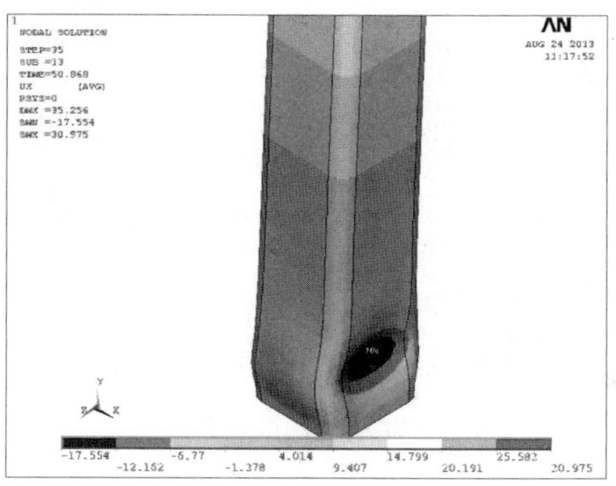

（a）试验　　　　　　　　（b）有限元模拟

图4.12　试件Q2-S-135-10-MC-1试验与有限元模拟的破坏后变形形态的比较

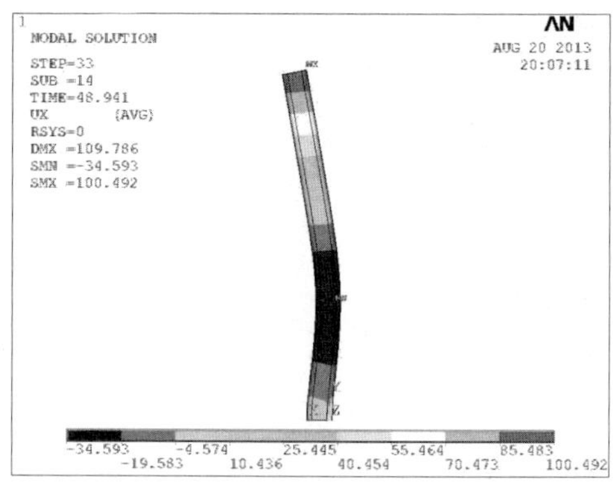

（a）试验　　　　　　　　（b）有限元模拟

图4.13　试件Q2-S-108-10-MC-2试验与有限元模拟的破坏后变形形态的比较

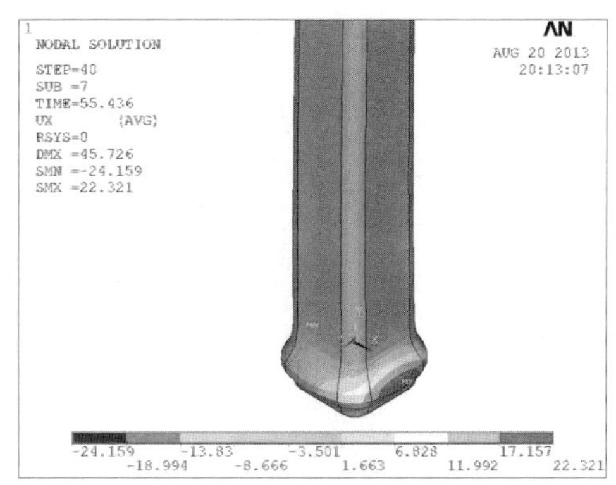

（a）试验　　　　　　　　　　　　　　　　（b）有限元模拟

图4.14　试件Q2-S-120-10-MC-3试验与有限元模拟的破坏后变形形态的比较

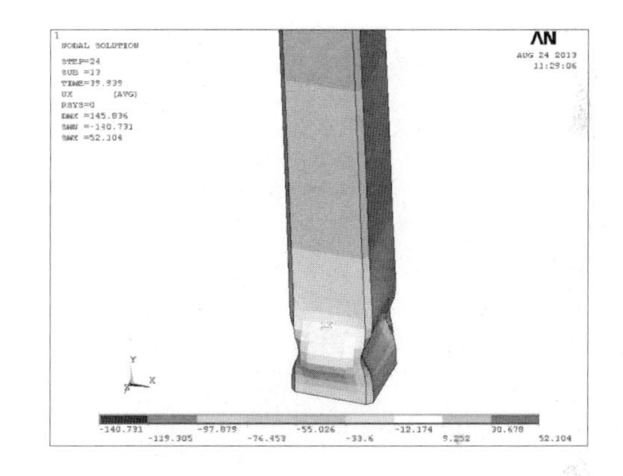

（a）试验　　　　　　　　　　　　　　　　（b）有限元模拟

图4.15　试件Q2-S-250-8-MC-1-B试验与有限元模拟的破坏后变形形态的比较

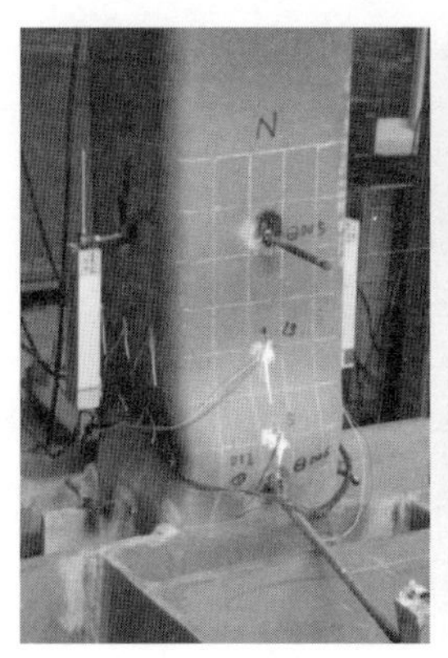

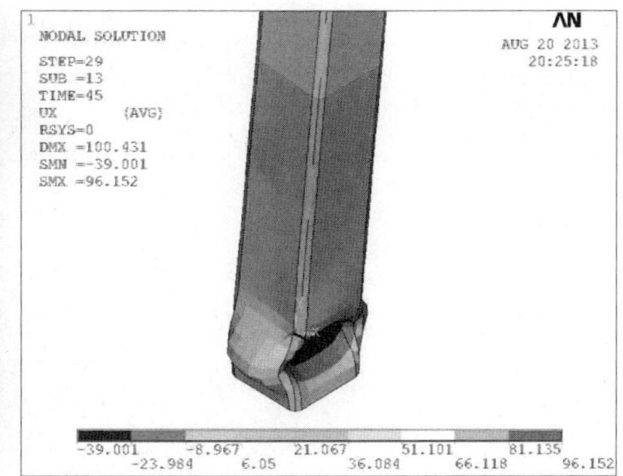

（a）试验　　　　　　　　　　　　　　　　（b）有限元模拟

图4.16　试件Q1-S-220-10-MC-1-A试验与有限元模拟的破坏后变形形态的比较

（a）试验

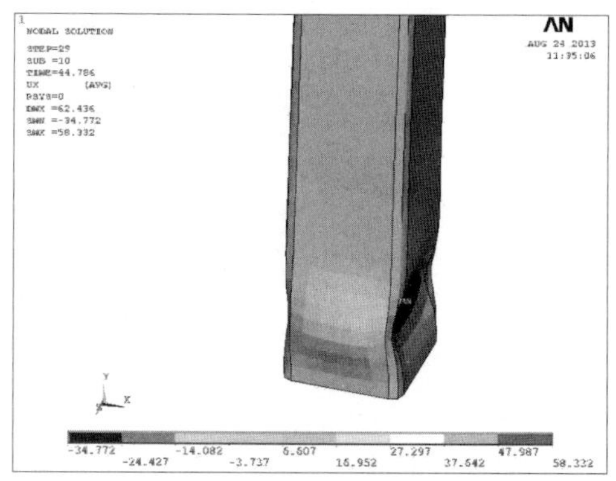

（b）有限元模拟

图4.17　试件Q1-S-220-10-MC-1-B试验与有限元模拟的破坏后变形形态的比较

（a）试验

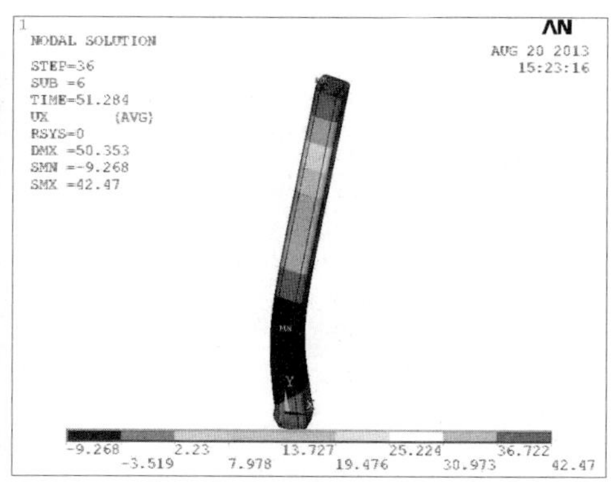

（b）有限元模拟

图4.18　试件Q1-S-108-10-MC-2试验与有限元模拟的破坏后变形形态的比较

（a）试验

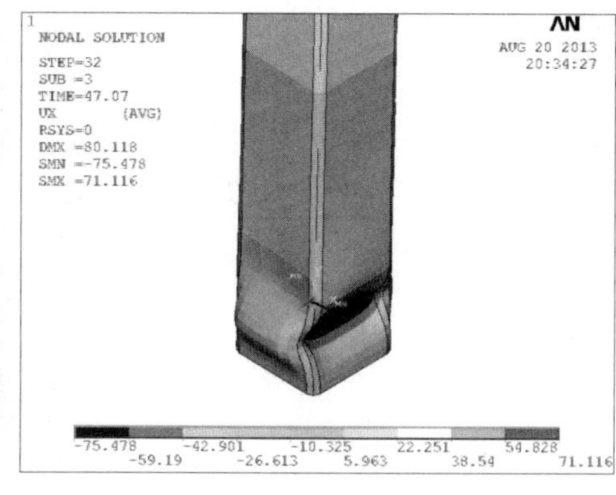

（b）有限元模拟

图4.19　试件Q1-S-350-14-MC-2试验与有限元模拟的破坏后变形形态的比较

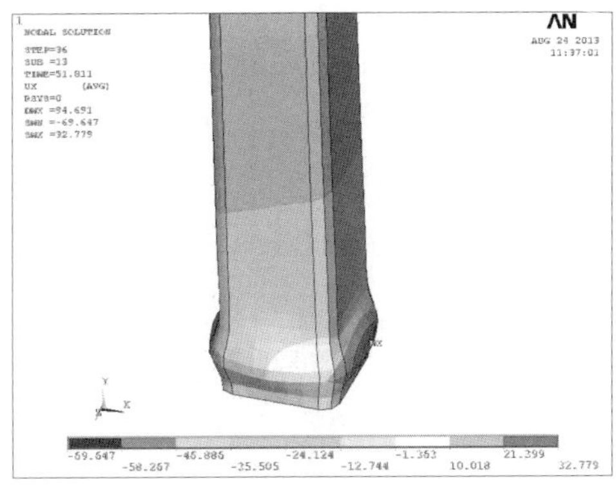

（a）试验　　（b）有限元模拟

图4.20　试件Q1-S-250-16-MC-3试验与有限元模拟的破坏后变形形态的比较

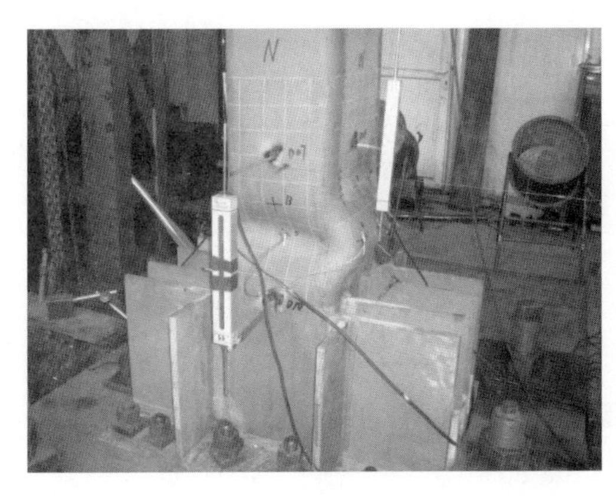

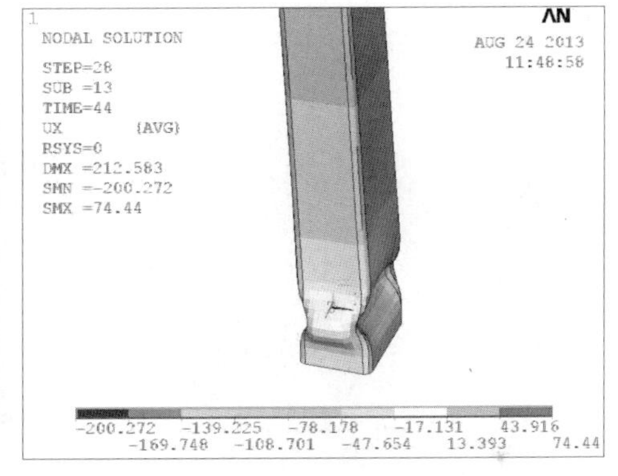

（a）试验　　（b）有限元模拟

图4.21　试件Q2-R-350-12-MC-1试验与有限元模拟的破坏后变形形态的比较

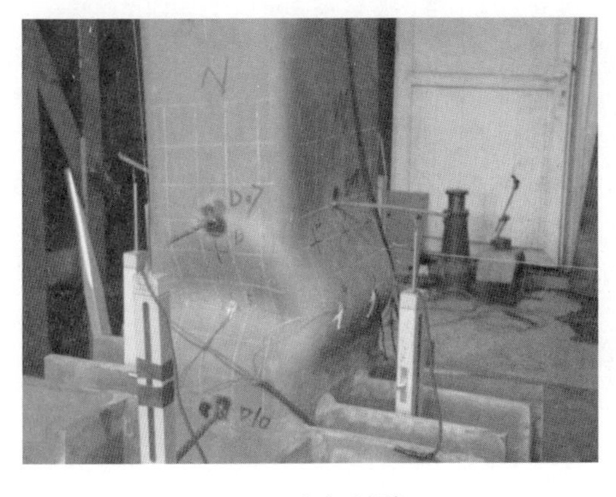

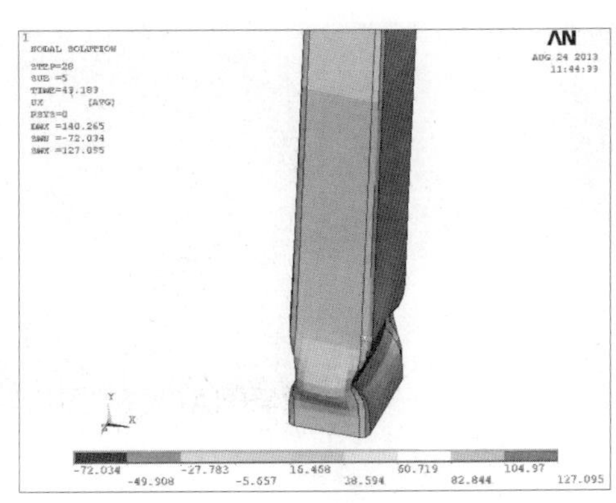

（a）试验　　（b）有限元模拟

图4.22　试件Q2-R-350-12-MC-2试验与有限元模拟的破坏后变形形态的比较

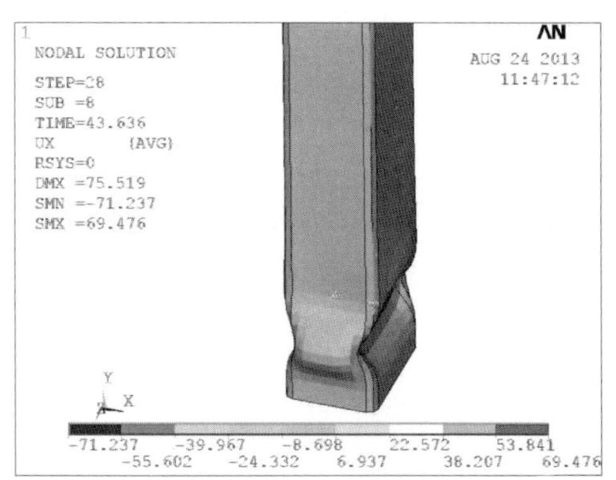

（a）试验　　（b）有限元模拟

图4.23　试件Q2-R-350-12-MC-3试验与有限元模拟的破坏后变形形态的比较

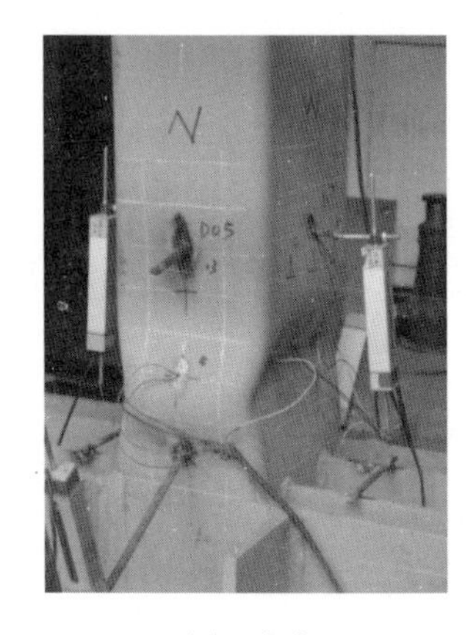

（a）试验　　（b）有限元模拟

图4.24　试件Q2-R-300-8-MC-1试验与有限元模拟的破坏后变形形态的比较

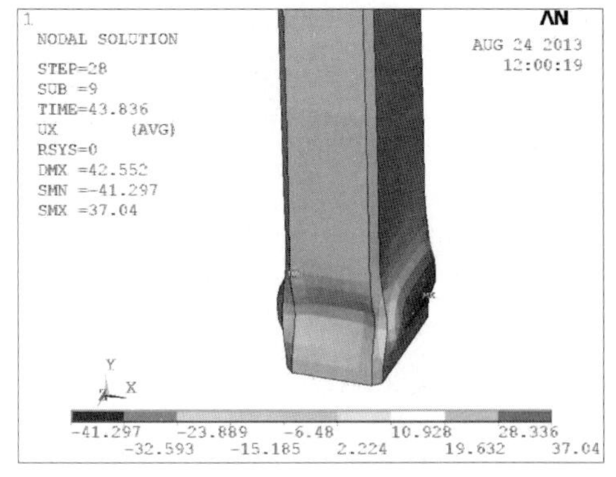

（a）试验　　（b）有限元模拟

图4.25　试件Q2-R-300-8-MC-2试验与有限元模拟的破坏后变形形态的比较

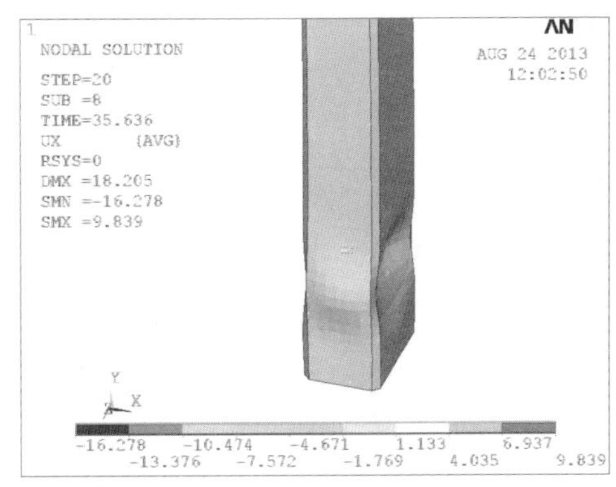

（a）试验　　　　（b）有限元模拟

图4.26　试件Q2-R-300-8-MC-3试验与有限元模拟的破坏后变形形态的比较

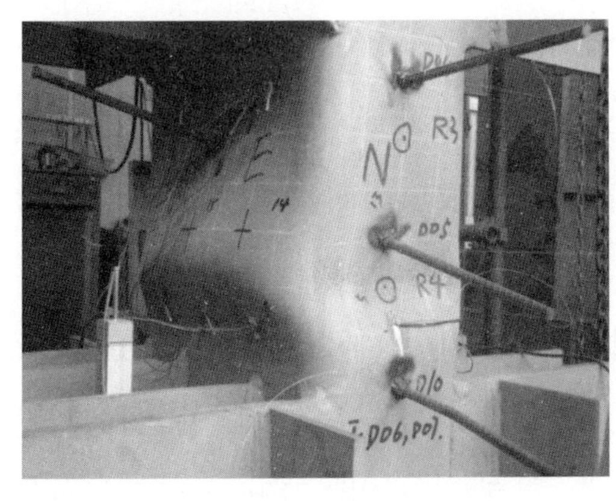

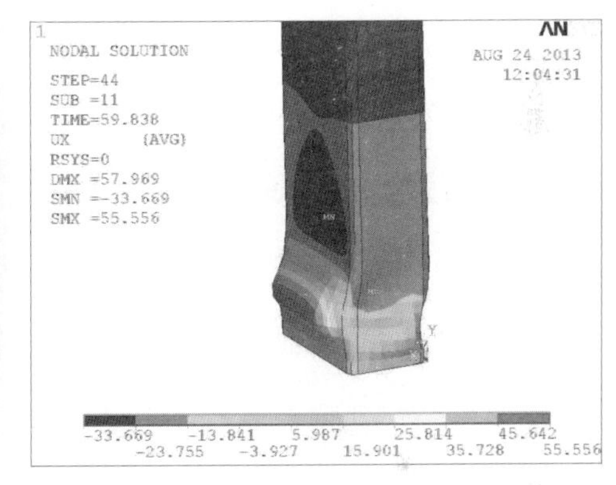

（a）试验　　　　（b）有限元模拟

图4.27　试件Q2-R-400-10-MC-1试验与有限元模拟的破坏后变形形态的比较

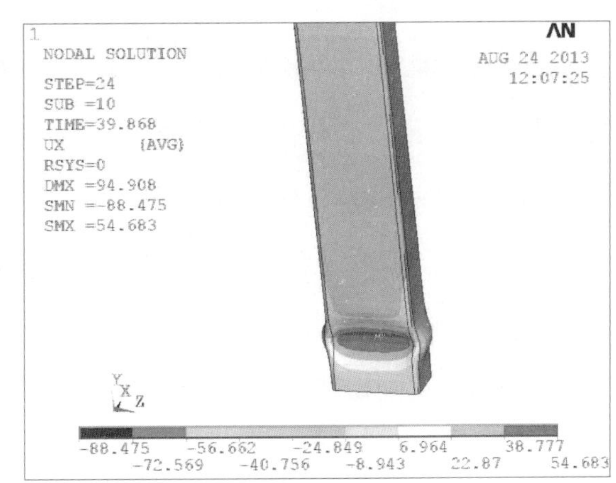

（a）试验　　　　（b）有限元模拟

图4.28　试件Q2-R-400-10-MC-2试验与有限元模拟的破坏后变形形态的比较

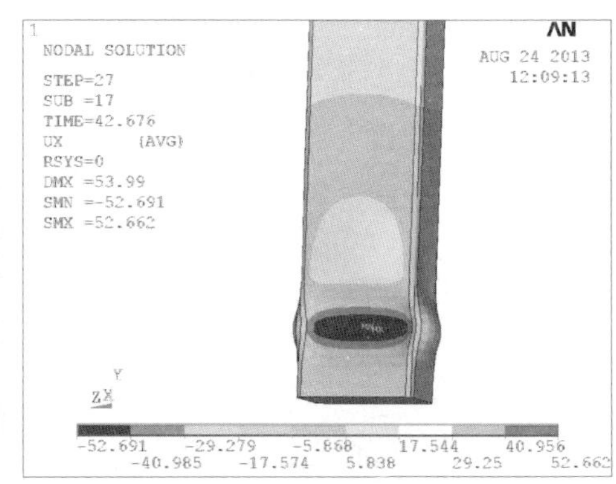

（a）试验　　　　　（b）有限元模拟

图4.29　试件Q2-R-400-10-MC-3试验与有限元模拟的破坏后变形形态的比较

由图可知，试验与有限元所得的破坏后变形形态基本一致，都是在柱脚根部截面出现鼓凹变形形态，但鼓凹方向略有不同。试件Q2-S-250-8-MC-1-A试验和有限元得到变形形态均是柱脚根部截面两腹板外鼓、两翼缘内凹；试件Q2-R-400-10-MC-1试验和有限元得到变形形态均是柱脚根部截面两翼缘外鼓，而试验中腹板略有内凹，有限元的变形形态略微外鼓。试件Q2-S-220-10-MC-1、Q2-S-135-10-MC-1试验的变形形态是柱脚根部截面四面外鼓，有限元的变形形态是两翼缘内凹，两腹板外鼓。试件Q1-S-250-16-MC-3试验的变形形态是两翼缘内凹，两腹板外鼓，而有限元的变形形态是柱脚根部截面四面外鼓。试件Q1-S-220-10-MC-1-A试验中变形为南北侧腹板和西侧翼缘外鼓，东侧翼缘内凹；有限元呈现翼缘内凹，腹板外鼓的变形形式。试件Q1-S-220- 10-MC-1-B 、Q2-R-350-12-MC-1/2/3、Q2-R-300-8-MC-3试验中变形形态均是南北腹板内凹，东西方向翼缘外鼓；而有限元变形形态正好相反。试件Q2-R-400-10-MC-3柱脚截面200 mm高度处东西外鼓，腹板内凹；100 mm高度处，东西内凹，腹板外鼓；有限元中翼缘内凹，腹板外鼓。

从以下试验和有限元得到的滞回曲线的对比可以看出，试件破坏时呈现外鼓和内凹主要取决于局部初始缺陷，不会影响试件的滞回性能。

4.3.2　与骨架曲线和滞回曲线的对比

为对比有限元模拟结果与试验结果的差别，图4.30至图4.53给出所有试件的有限元模拟及试验所得的荷载-位移骨架曲线和滞回曲线的对比。

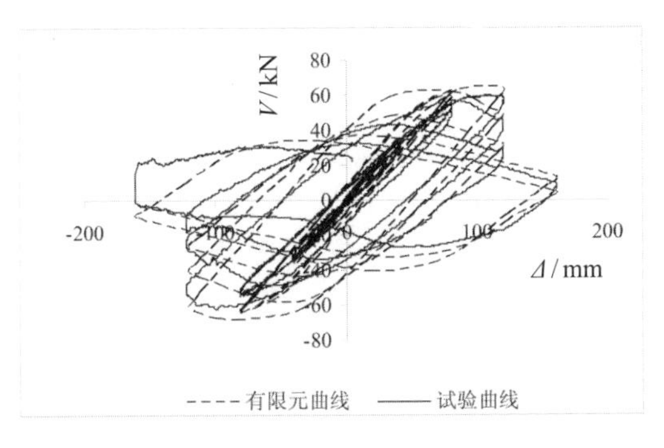

(a) 滞回曲线

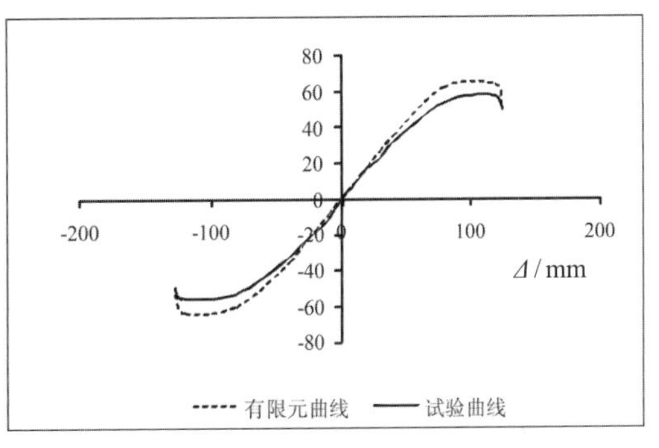

(b) 骨架曲线

图4.30　试件Q2-S-250-8-MC-1-A有限元模拟和试验所得的荷载-位移曲线比较

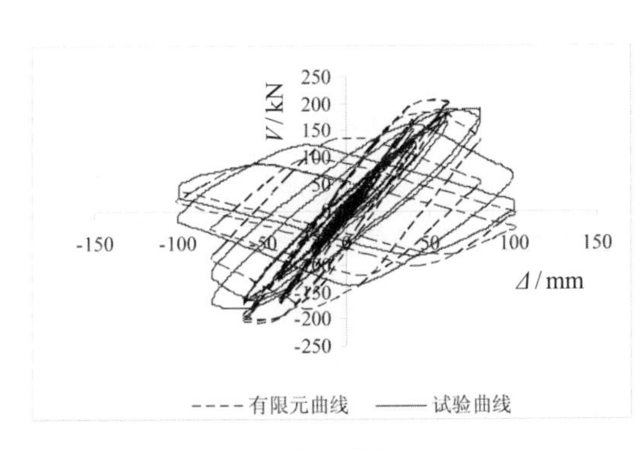

(a) 滞回曲线

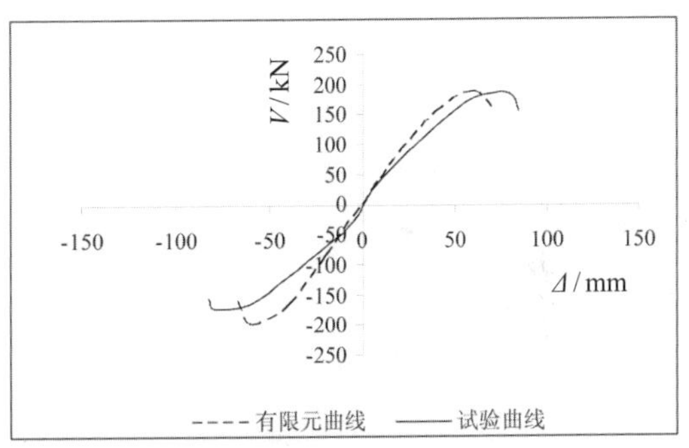

(b) 骨架曲线

图4.31　试件Q2-S-350-12-MC-2有限元模拟和试验所得的荷载-位移曲线比较

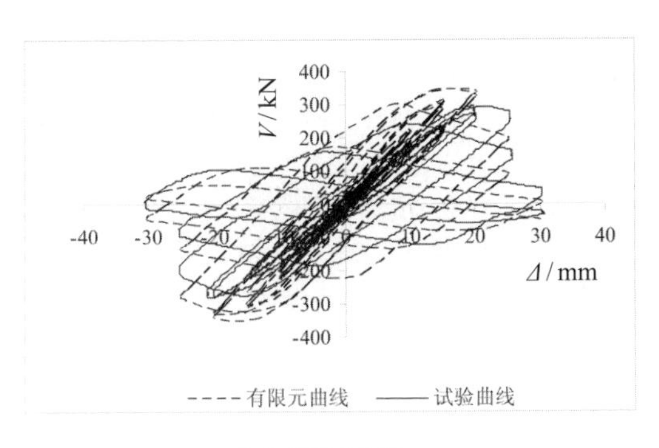

(a) 滞回曲线

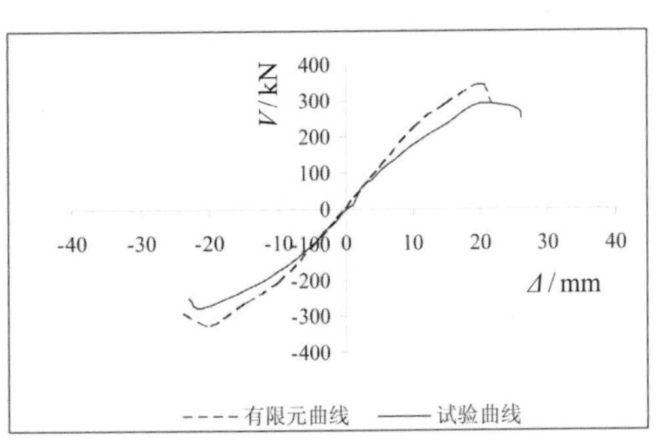

(b) 骨架曲线

图4.32　试件Q2-S-350-12-MC-3有限元模拟和试验所得的荷载-位移曲线比较

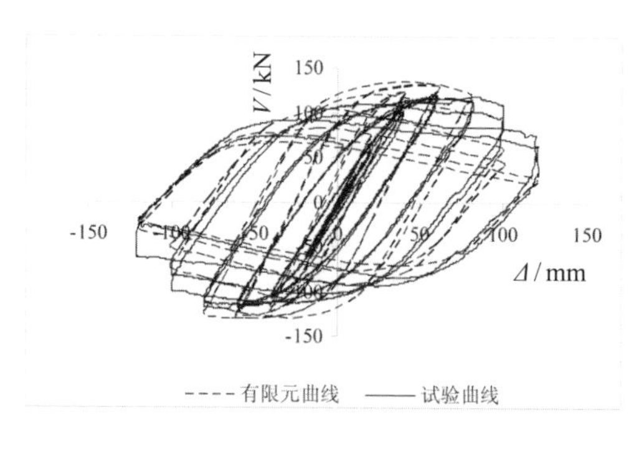

(a) 滞回曲线

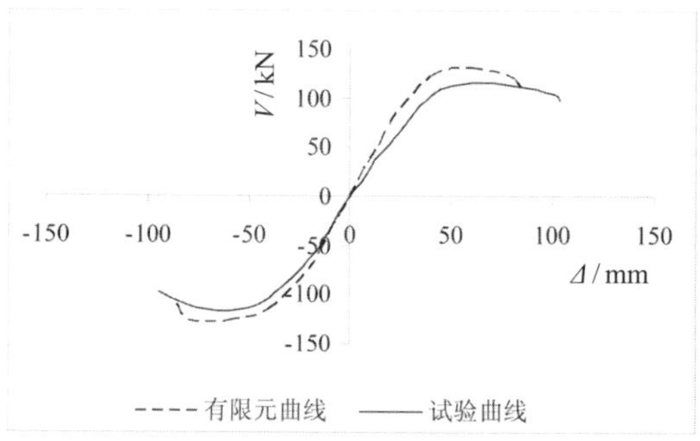

(b) 骨架曲线

图4.33　试件Q2-S-220-10-MC-1有限元模拟和试验所得的荷载-位移曲线比较

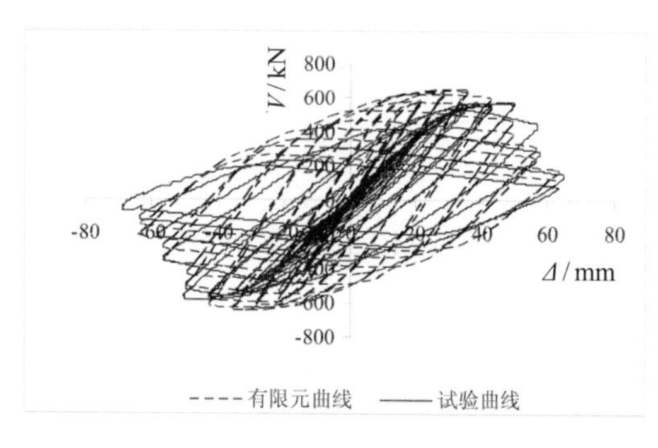

(a) 滞回曲线

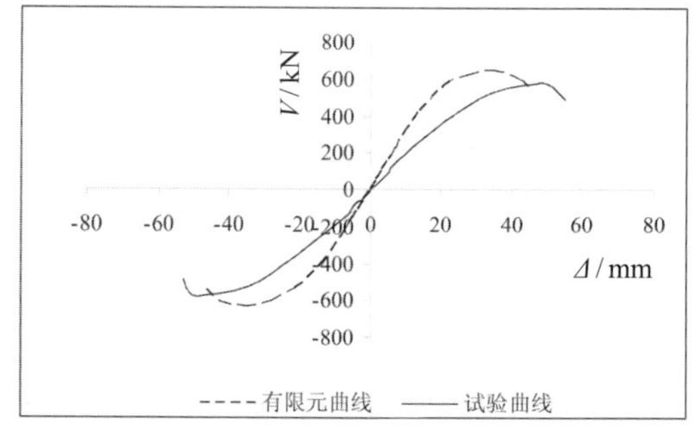

(b) 骨架曲线

图4.34　试件Q2-S-350-16-MC-2有限元模拟和试验所得的荷载-位移曲线比较

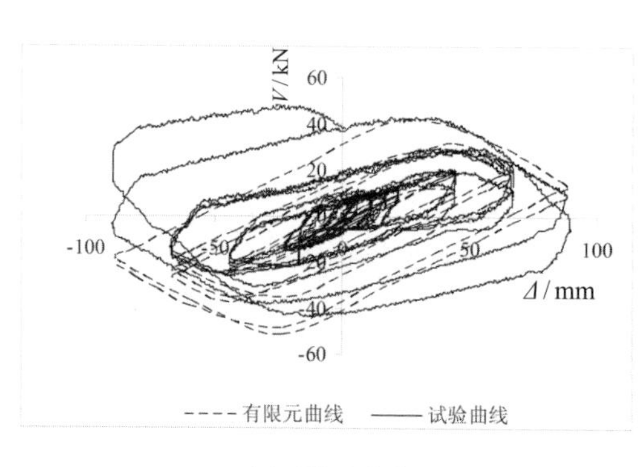

(a) 滞回曲线

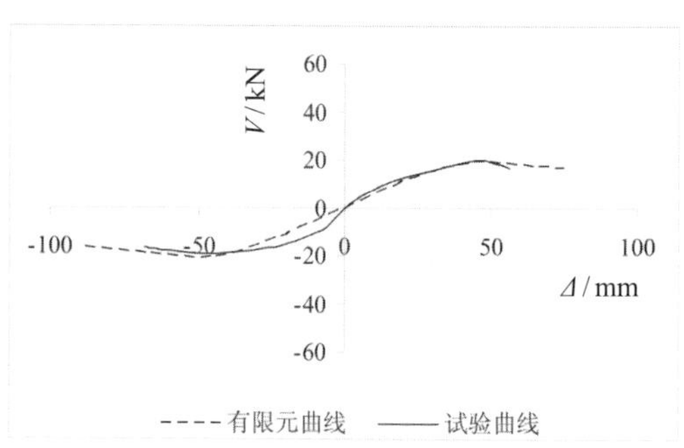

(b) 骨架曲线

图4.35　试件Q2-S-220-10-MC-3有限元模拟和试验所得的荷载-位移曲线比较

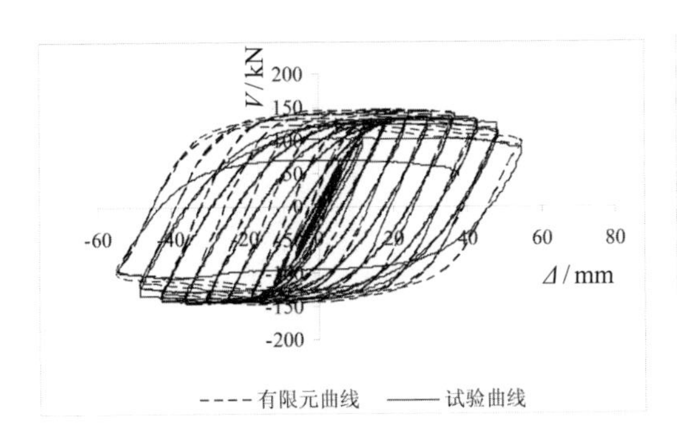

(a) 滞回曲线

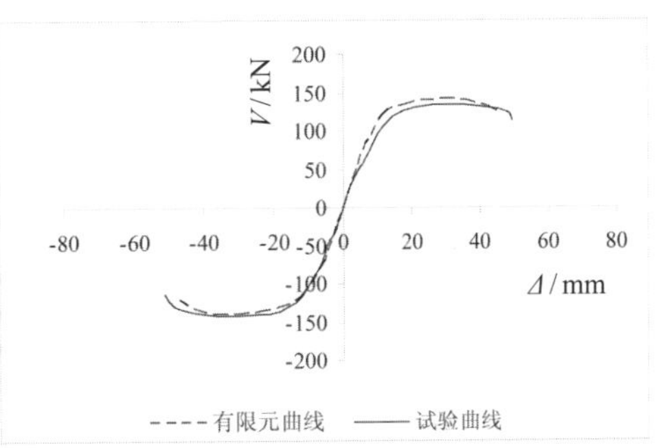

(b) 骨架曲线

图4.36　试件Q2-S-135-10-MC-1有限元模拟和试验所得的荷载-位移曲线比较

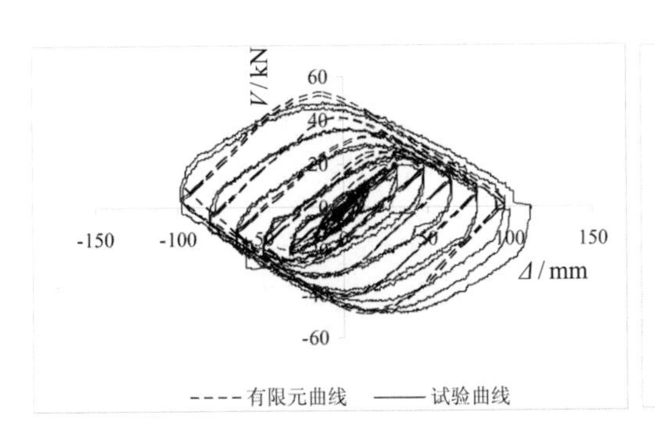

(a) 滞回曲线

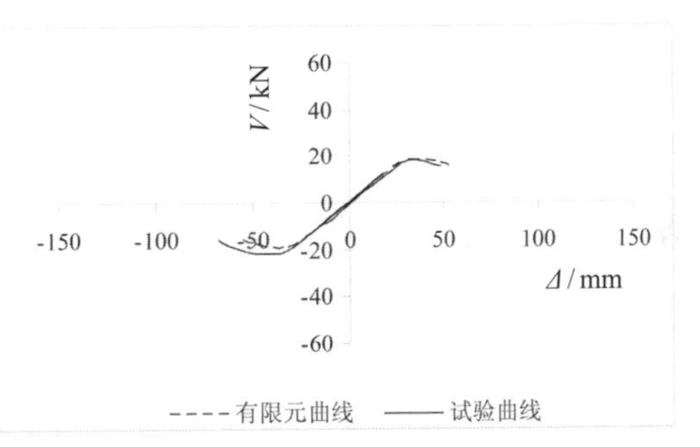

(b) 骨架曲线

图4.37　试件Q2-S-108-10-MC-2有限元模拟和试验所得的荷载-位移曲线比较

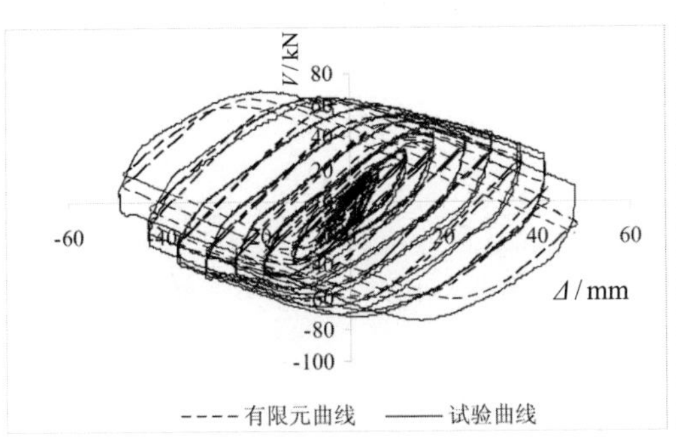

(a) 滞回曲线

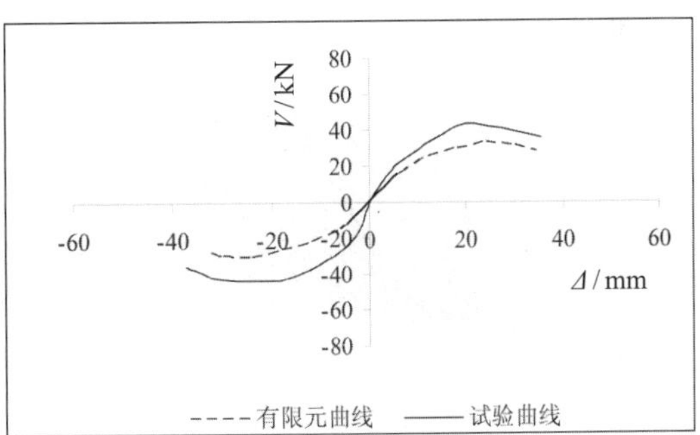

(b) 骨架曲线

图4.38　试件Q2-S-120-10-MC-3有限元模拟和试验所得的荷载-位移曲线比较

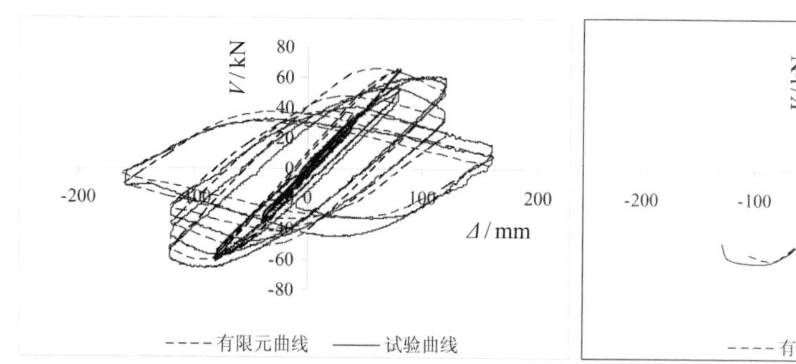

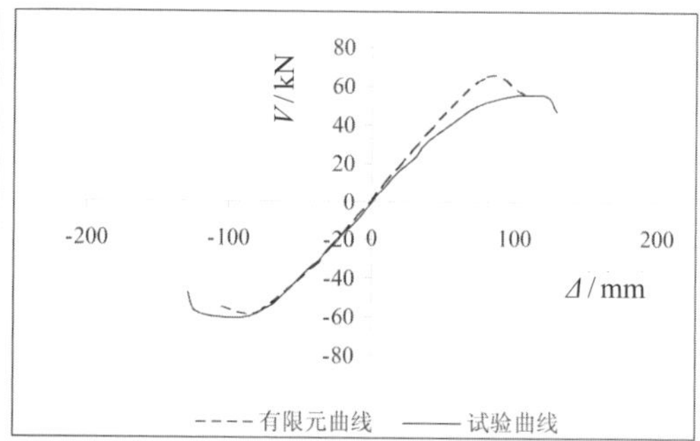

（a）滞回曲线　　（b）骨架曲线

图4.39　试件Q2-S-250-8-MC-1-B有限元模拟和试验所得的荷载-位移曲线比较

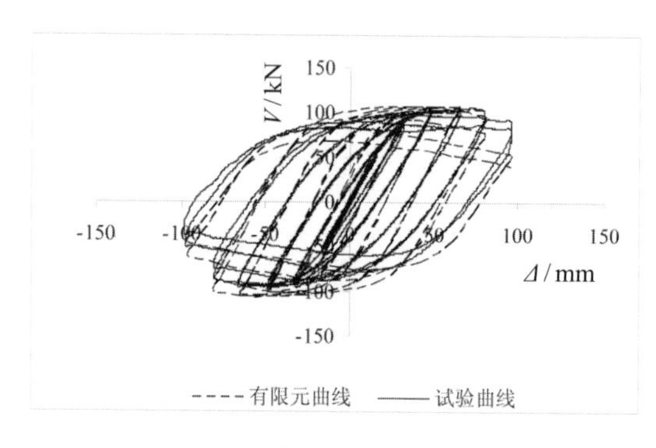

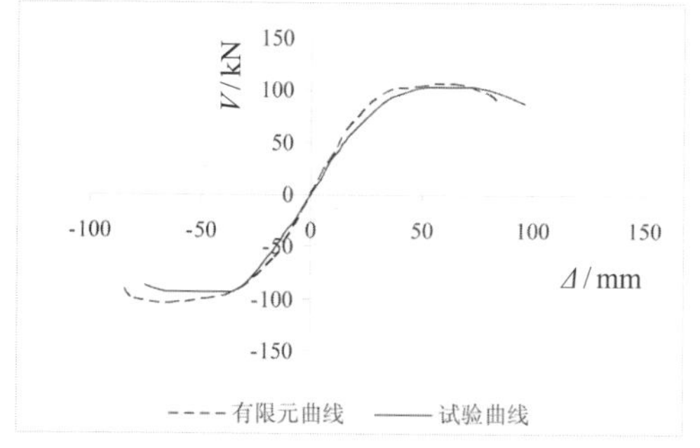

（a）滞回曲线　　（b）骨架曲线

图4.40　试件Q1-S-220-10-MC-1-A有限元模拟和试验所得的荷载-位移曲线比较

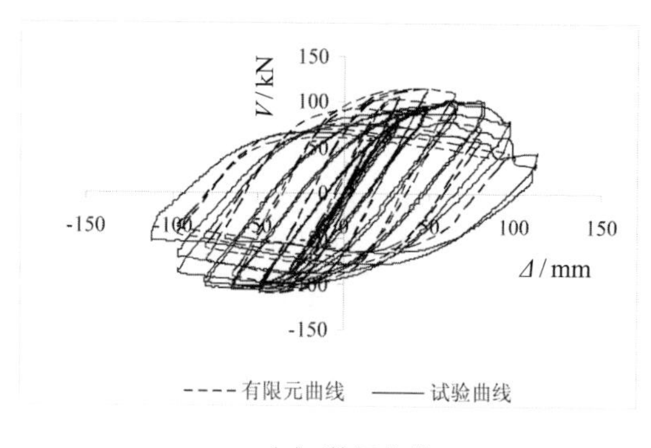

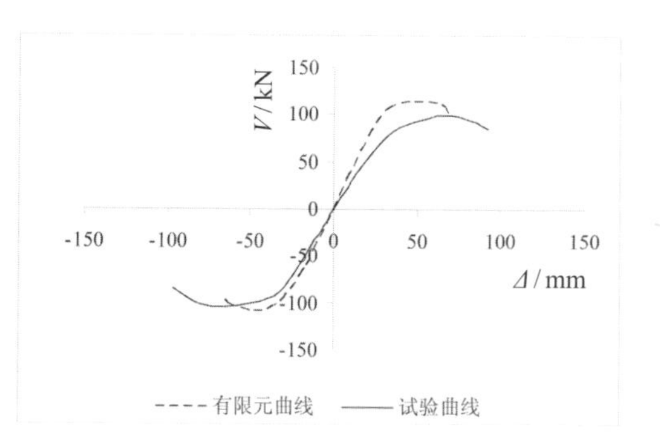

（a）滞回曲线　　（b）骨架曲线

图4.41　试件Q1-S-220-10-MC-1-B有限元模拟和试验所得的荷载-位移曲线比较

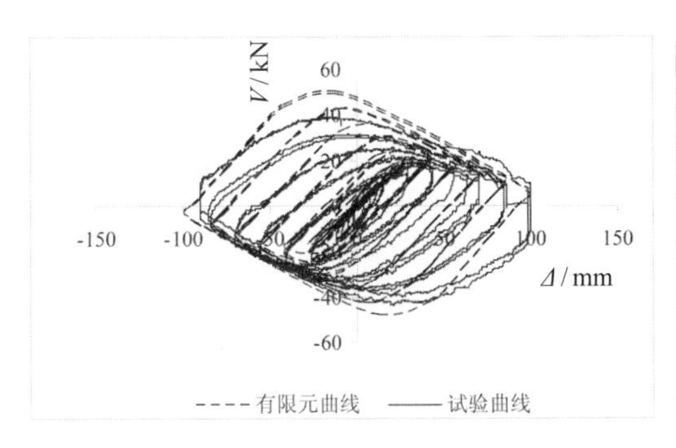

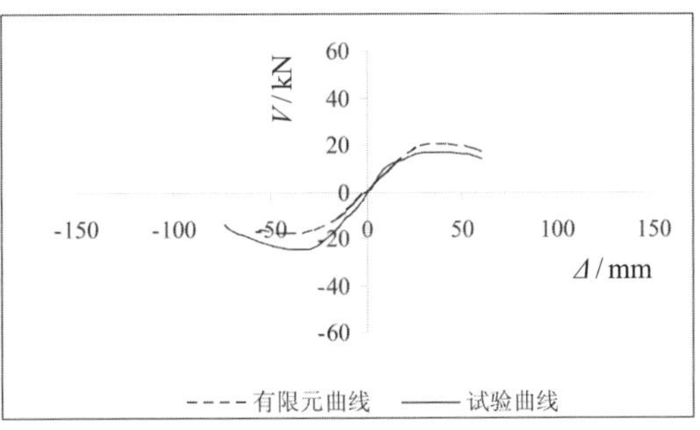

（a）滞回曲线　　（b）骨架曲线

图4.42　试件Q1-S-108-10-MC-2有限元模拟和试验所得的荷载-位移曲线比较

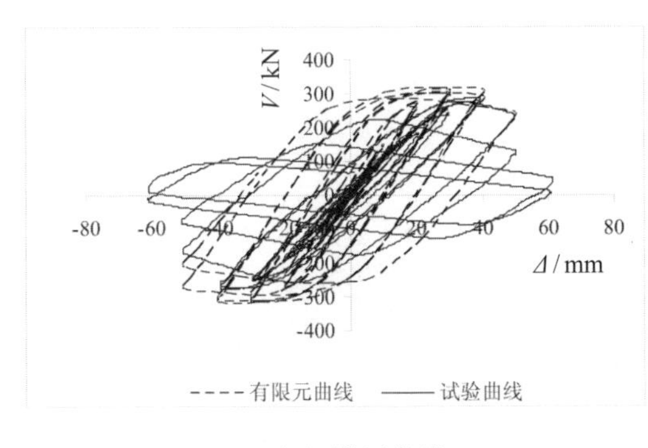

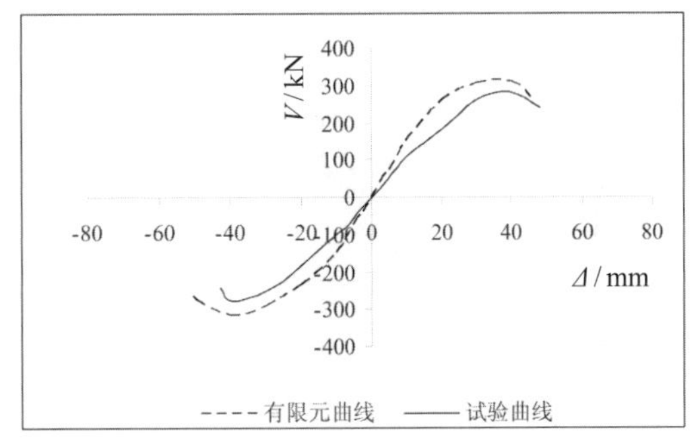

（a）滞回曲线　　（b）骨架曲线

图4.43　试件Q1-S-350-14-MC-2有限元模拟和试验所得的荷载-位移曲线比较

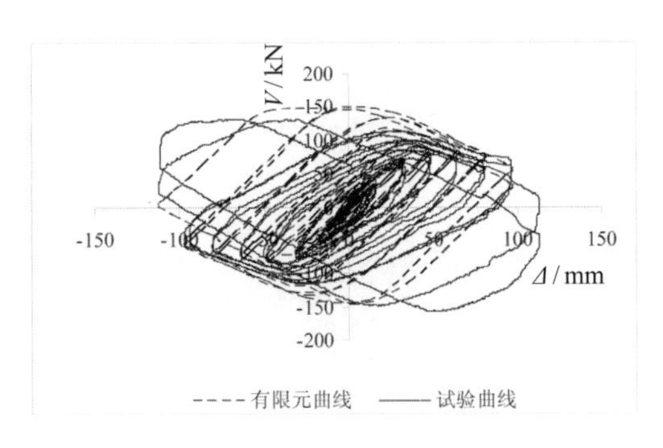

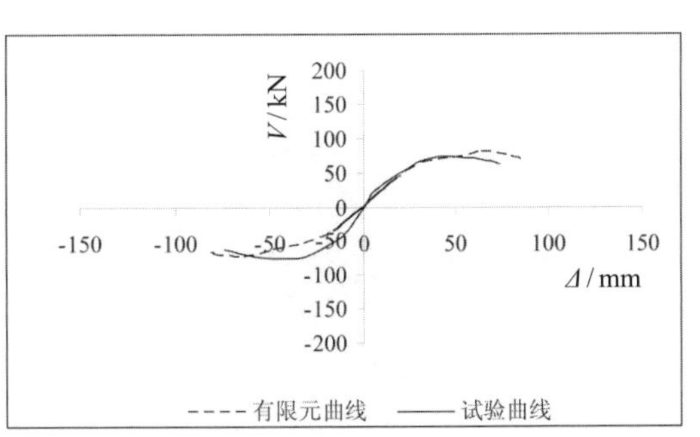

（a）滞回曲线　　（b）骨架曲线

图4.44　试件Q1-S-250-16-MC-3有限元模拟和试验所得的荷载-位移曲线比较

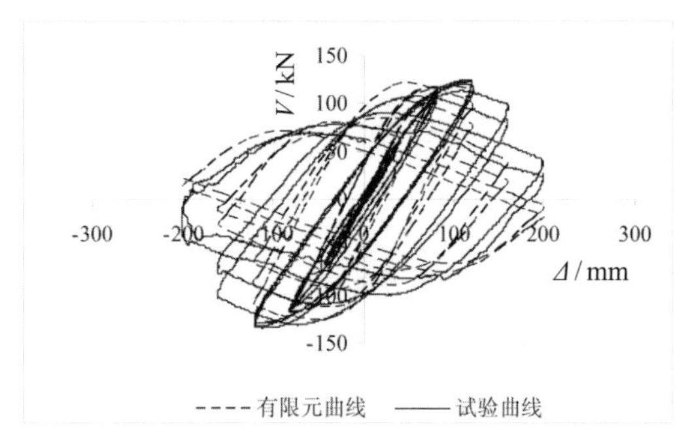

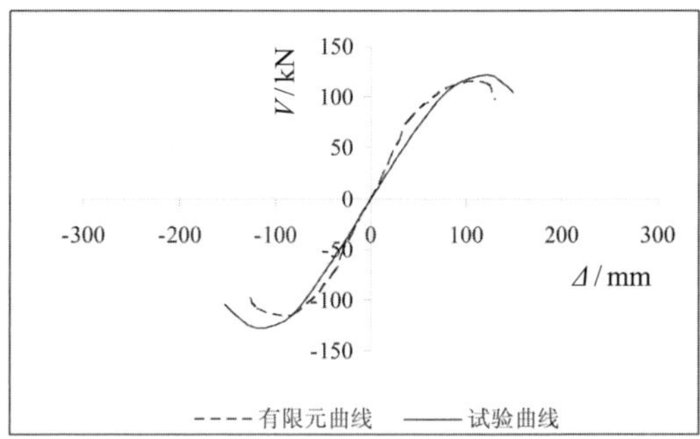

（a）滞回曲线　　（b）骨架曲线

图4.45　试件Q2-R-350-12-MC-1有限元模拟和试验所得的荷载-位移曲线比较

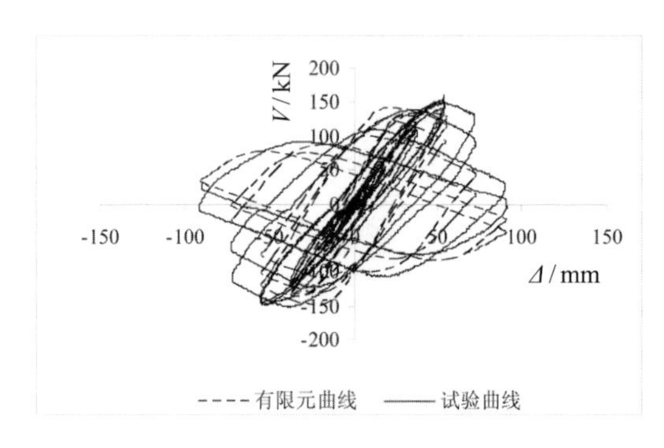

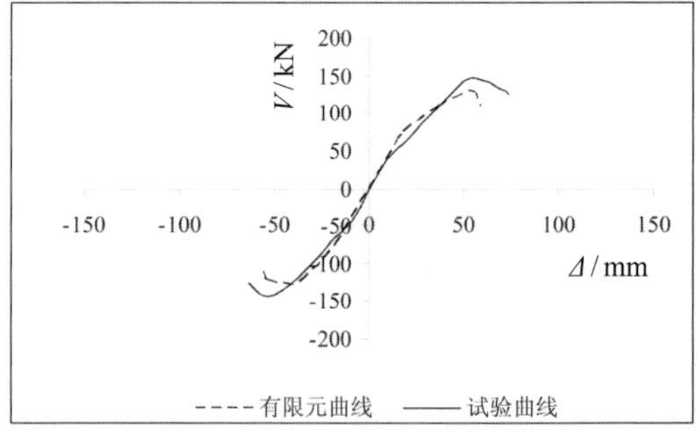

（a）滞回曲线　　（b）骨架曲线

图4.46　试件Q2-R-350-12-MC-2有限元模拟和试验所得的荷载-位移曲线比较

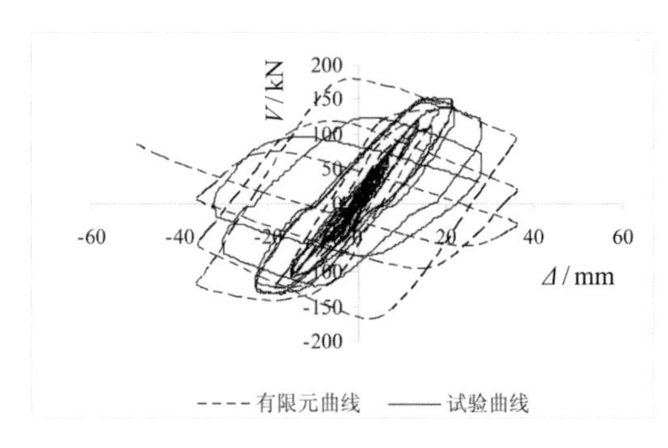

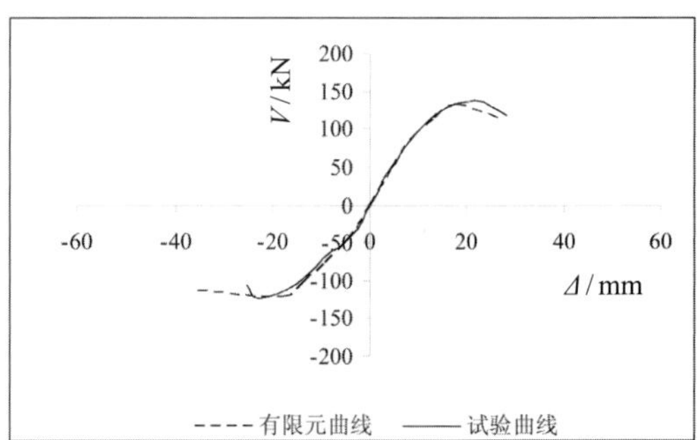

（a）滞回曲线　　（b）骨架曲线

图4.47　试件Q2-R-350-12-MC-3有限元模拟和试验所得的荷载-位移曲线比较

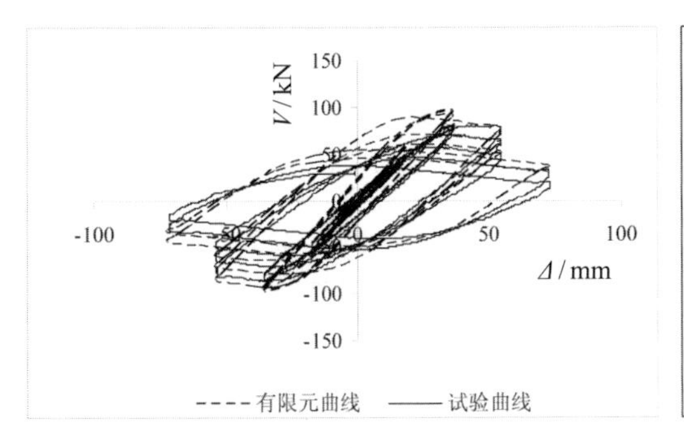

(a) 滞回曲线

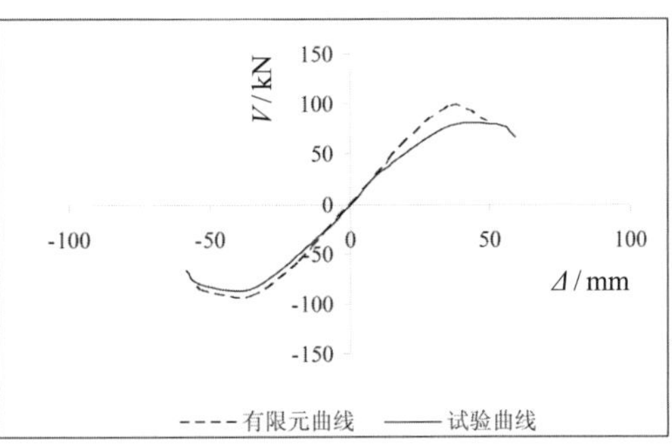

(b) 骨架曲线

图4.48　试件Q2-R-300-8-MC-1有限元模拟和试验所得的荷载-位移曲线比较

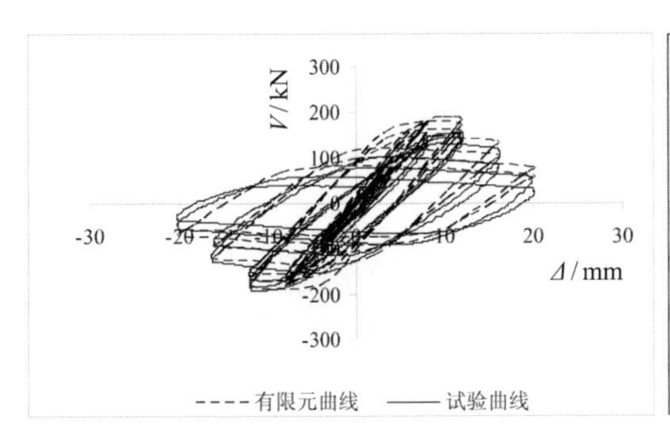

(a) 滞回曲线

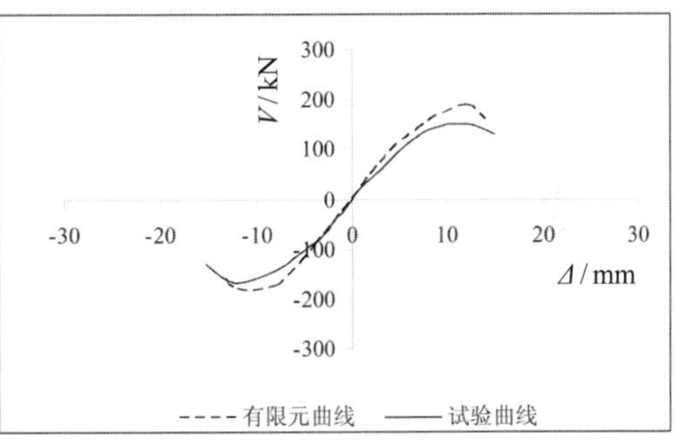

(b) 骨架曲线

图4.49　试件Q2-R-300-8-MC-2有限元模拟和试验所得的荷载-位移曲线比较

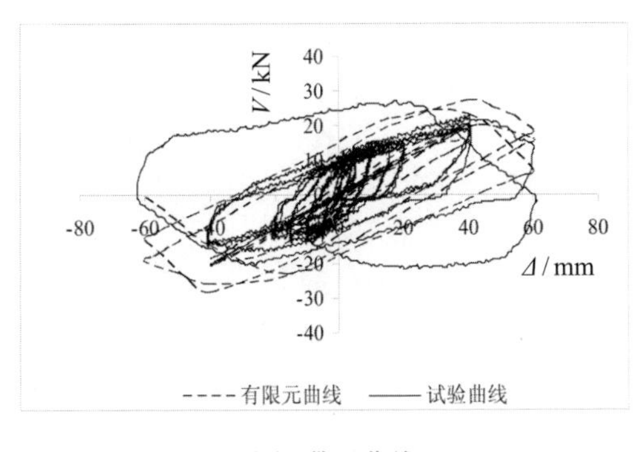

(a) 滞回曲线

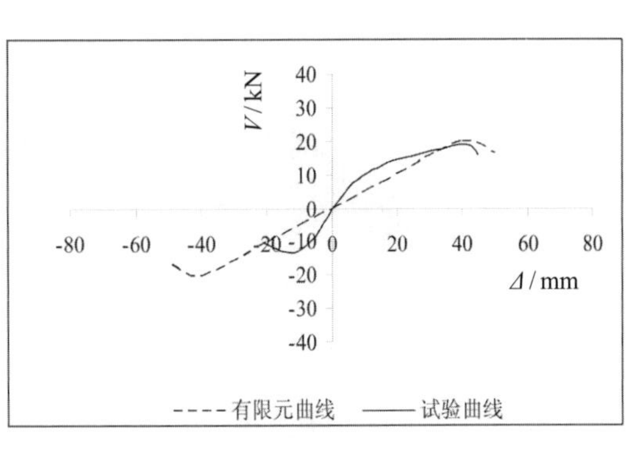

(b) 骨架曲线

图4.50　试件Q2-R-300-8-MC-3有限元模拟和试验所得的荷载-位移曲线比较

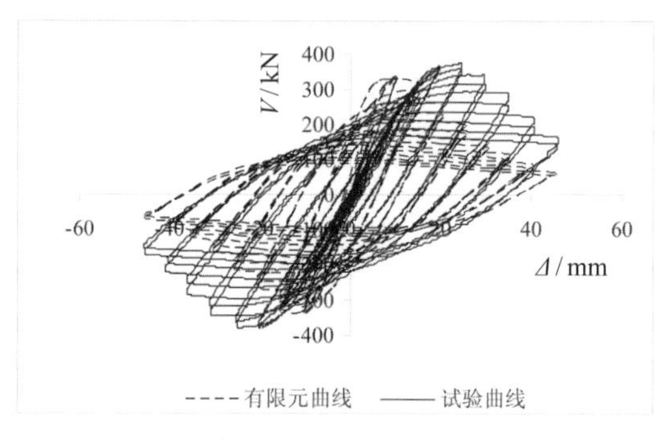

(a) 滞回曲线

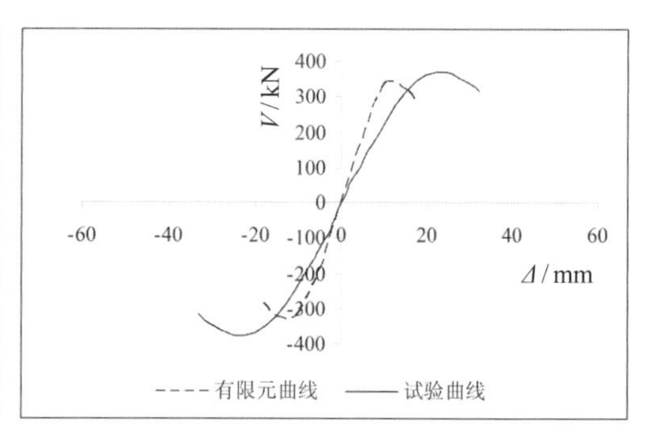

(b) 骨架曲线

图4.51 试件Q2-R-400-10-MC-1有限元模拟和试验所得的荷载-位移曲线比较

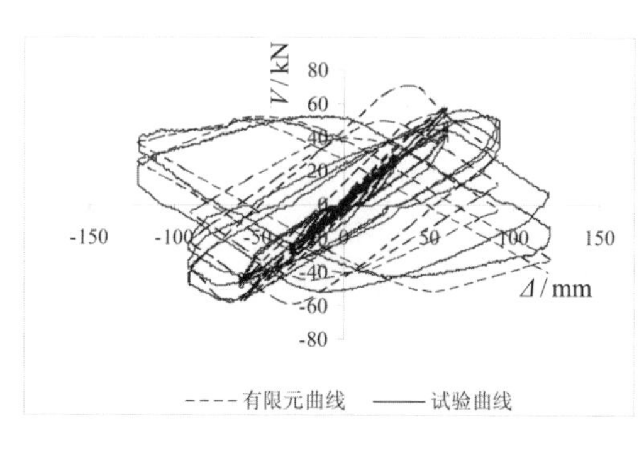

(a) 滞回曲线

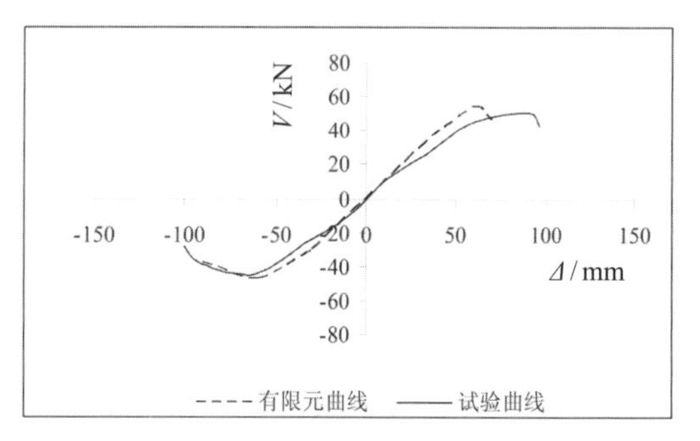

(b) 骨架曲线

图4.52 试件Q2-R-400-10-MC-2有限元模拟和试验所得的荷载-位移曲线比较

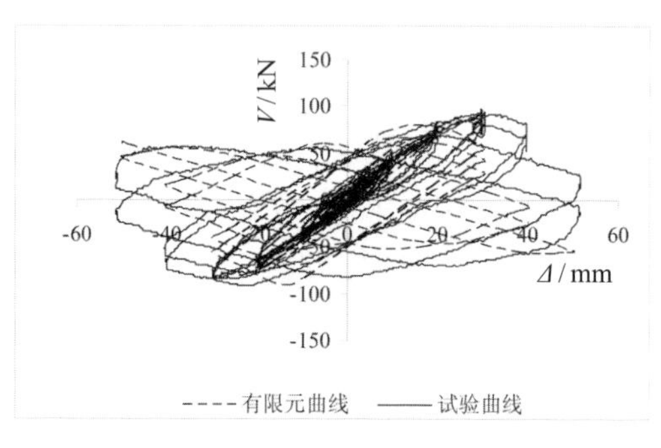

(a) 滞回曲线

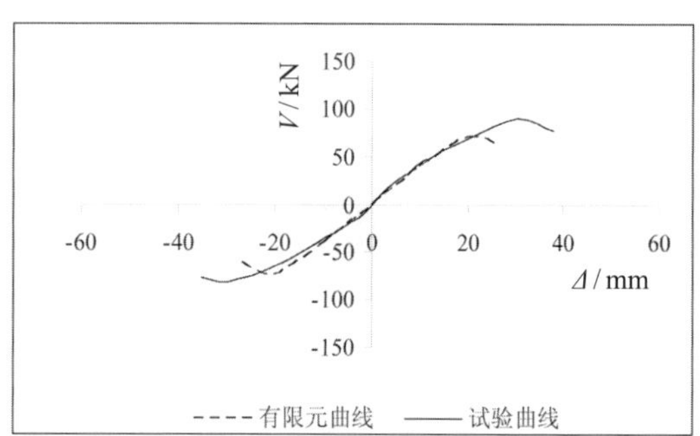

(b) 骨架曲线

图4.53 试件Q2-R-400-10-MC-3有限元模拟和试验所得的荷载-位移曲线比较

由图可见，选用的有限元模型能够较好地模拟冷弯厚壁型钢方形、矩形截面钢柱的滞回发展过程，有限元方法所得的各个试件的滞回曲线与试验曲线均吻合较好，能够反映反复荷载作用下压弯构件的抗震性能。

4.3.3　峰值荷载和峰值位移的对比

为量化比较试验和有限元的吻合情况，表4.3给出了试验和有限元得到的峰值荷载和峰值位移值。其中，符号 $\varDelta_{m}^{exp}$ 和 V_{max}^{exp} 表示试验得到的峰值位移和峰值荷载，符号 $\varDelta_{m}^{fe}$ 和 V_{max}^{fe} 表示有限元得到的峰值位移和峰值荷载。

表4.3　试验和有限元得到的峰值荷载和峰值位移

序号	试件编号	试验结果		有限元结果		$\varDelta_{m}^{exp}/\varDelta_{m}^{fe}$	V_{m}^{exp}/V_{max}^{fe}
		$\varDelta_{m}^{exp}$	V_{max}^{exp}	$\varDelta_{m}^{fe}$	V_{max}^{fe}		
1	Q2-S-250-8-MC-1-A	118.59	58.1	120	63.88	0.99	0.91
2	Q2-S-350-12-MC-2	80.06	184	60	187.10	1.33	0.98
3	Q2-S-350-12-MC-3	20.08	293.49	20	341.34	1.00	0.86
4	Q2-S-220-10-MC-1	60.16	115.6	60	130.08	1.00	0.89
5	Q2-S-350-16-MC-2	50.02	572.57	35	647.02	1.43	0.88
6	Q2-S-220-10-MC-3	44.40	19.8	44	19.37	1.01	1.02
7	Q2-S-135-10-MC-1	29.14	133.97	30	141.69	0.97	0.95
8	Q2-S-108-10-MC-2	31.99	18.45	32	18.16	1.00	1.02
9	Q2-S-120-10-MC-3	17.90	41.67	24	32.96	0.75	1.26
10	Q2-S-250-8-MC-1-B	120.73	55.4	80	64.88	1.51	0.85
11	Q1-S-220-10-MC-1-A	65.49	103.8	64	106.20	1.02	0.98
12	Q1-S-220-10-MC-1-B	66.39	99.38	48	113.57	1.38	0.88
13	Q1-S-108-10-MC-2	43.56	16.65	42	20.03	1.04	0.83
14	Q1-S-350-14-MC-2	39.56	283.28	40	311.77	0.99	0.91
15	Q1-S-250-16-MC-3	48.08	72.61	64	79.50	0.75	0.91
16	Q2-R-350-12-MC-1	121.07	122.34	120	114.06	1.01	1.07
17	Q2-R-350-12-MC-2	53.79	148.17	54	129.81	1.00	1.14

续表

序号	试件编号	试验结果		有限元结果		$\Delta_m^{exp}/\Delta_m^{fe}$	V_m^{exp}/V_{max}^{fe}
		Δ_m^{exp}	V_{max}^{exp}	Δ_m^{fe}	V_{max}^{fe}		
18	Q2-R-350-12-MC-3	21.91	138.12	18	132.13	1.22	1.05
19	Q2-R-300-8-MC-1	54.32	78.07	36	96.80	0.99	0.81
20	Q2-R-300-8-MC-2	12.13	152.16	12	187.45	1.01	0.81
21	Q2-R-300-8-MC-3	41.09	18.91	40	19.80	1.03	0.96
22	Q2-R-400-10-MC-1	24.50	370.95	10	334.90	2.45	1.11
23	Q2-R-400-10-MC-2	91.28	50.48	60	54.24	1.52	0.93
24	Q2-R-400-10-MC-3	30.41	90.32	20	71.23	1.52	1.27
均值						1.16	0.97
标准差						0.35	0.13
变异系数						0.30	0.13

由表4.3可以看到，对于强度破坏为主的四个试件，试件Q1-S-220-10-MC-1-B的试验峰值位移与有限元峰值位移之比为1.38。除了此根外，其他三根试件的试验峰值位移与有限元峰值位移之比均很接近，范围为0.97～1.02。四根强度破坏为主的试件，试验峰值荷载与有限元峰值荷载之比为0.88～0.98。

对于整体失稳破坏为主的五个试件，试件Q2-S-120-10-MC-3和Q1-S-250-16-MC-3的试验峰值位移与有限元峰值位移之比小于1，为0.75；其他三根试件相应比值均在1附近。试验峰值荷载与有限元峰值荷载之比为0.83～1.26，均值是1.01。

发生局部失稳破坏为主的试件Q2-R-400-10-MC-1的试验和有限元峰值位移和峰值荷载之比分别是2.45和1.11。

对于整体和局部失稳耦合破坏为主的试件，试验峰值位移与有限元峰值位移之比都大于等于1，分布为0.99～1.52；试验峰值荷载与有限元峰值荷载之比为0.81～1.27，均值是0.96。

4.4 参数分析构件设计

为进一步研究宽厚比、长细比和轴压比等参数对压弯构件抗震性能的影响规律，对常用的参数范围进行全设计，具体参数为：宽厚比取10、15、20、25、30、35、40、45、50九种情况；长细比取20、30、40、50、60、70、80、90八种情况；轴压比取0、0.1、0.2、0.3、0.4、0.5、0.6、0.7八种情况。按照宽厚比的要求，钢管截面尺寸选择时保证厚度不变，统一取10 mm，变化截面宽度范围取100～500，以得到需要的宽厚比。图4.54给出了部分构件的滞回曲线。

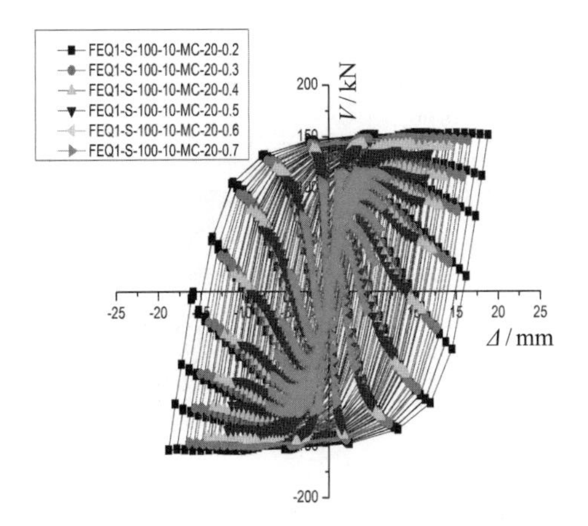

（1）宽厚比10，长细比20

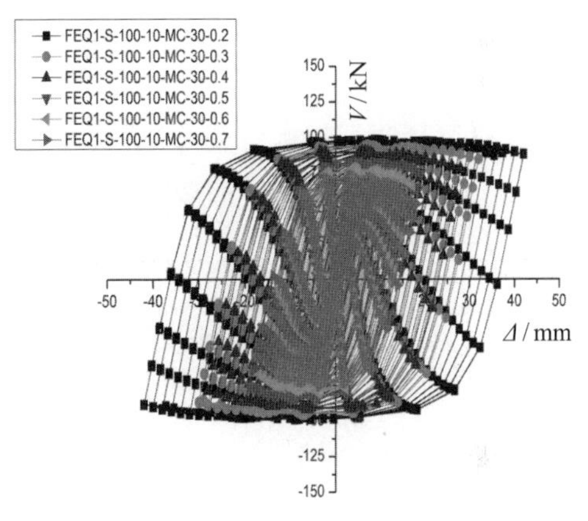

（2）宽厚比10，长细比30

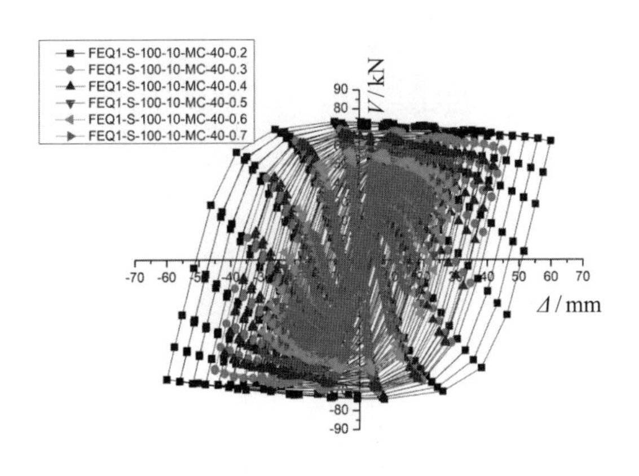

（3）宽厚比10，长细比40

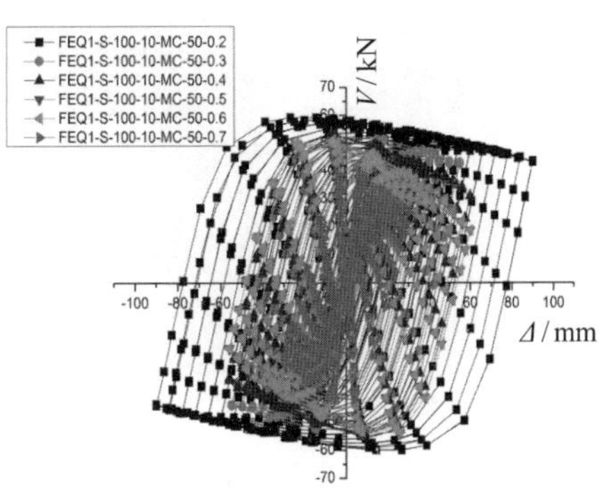

（4）宽厚比10，长细比50

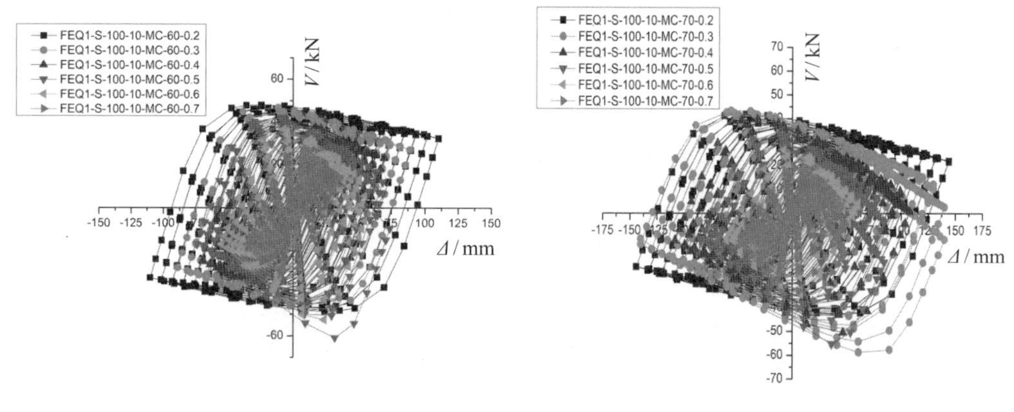

（5）宽厚比10，长细比60　　（6）宽厚比10，长细比70

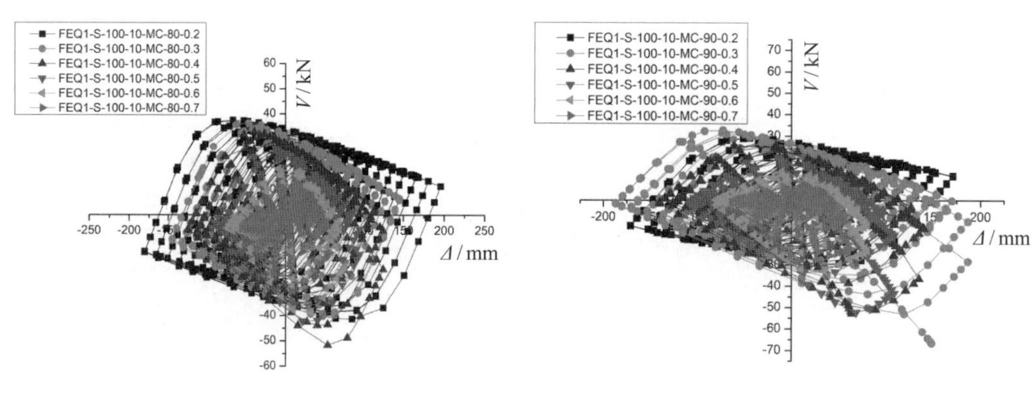

（7）宽厚比10，长细比80　　（8）宽厚比10，长细比90

（9）宽厚比20，长细比20

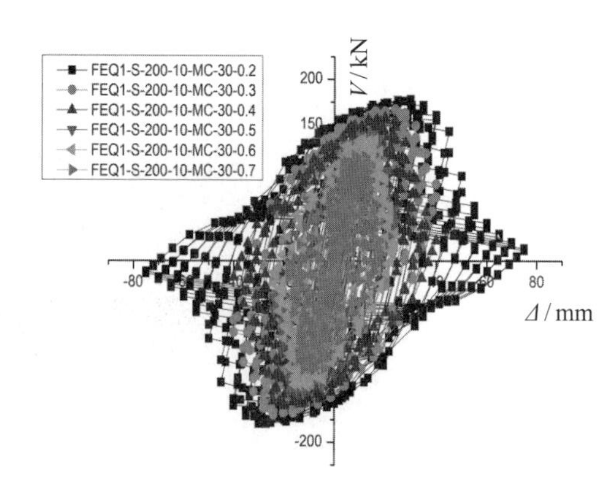

（10）宽厚比20，长细比30

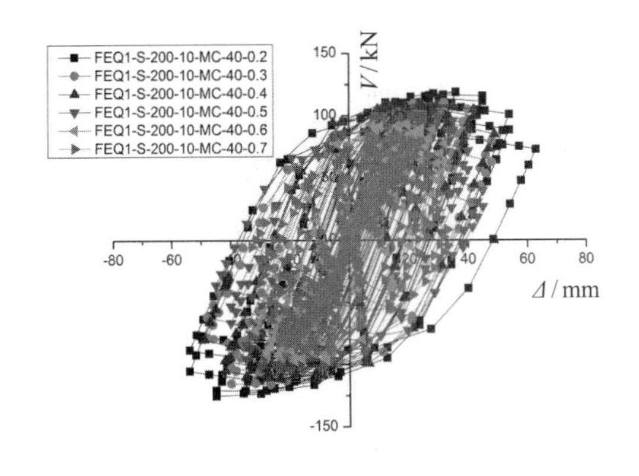

（11）宽厚比20，长细比40

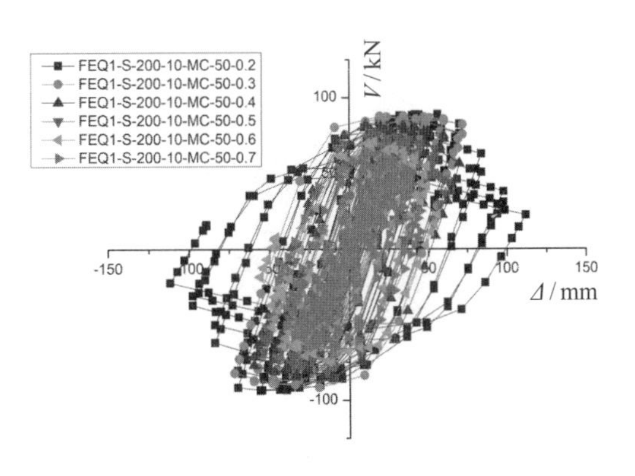

（12）宽厚比20，长细比50

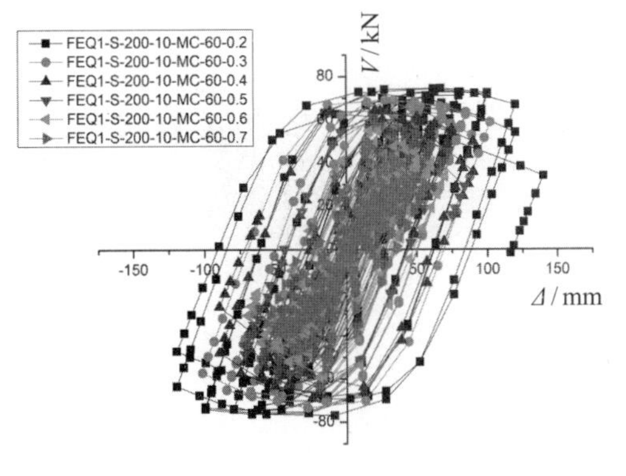

（13）宽厚比20，长细比60

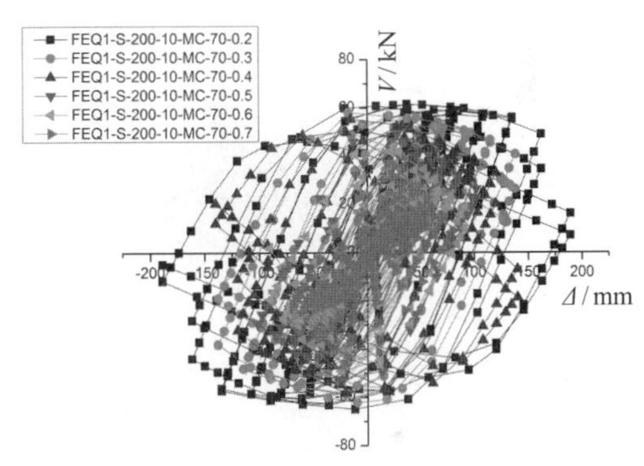

（14）宽厚比20，长细比70

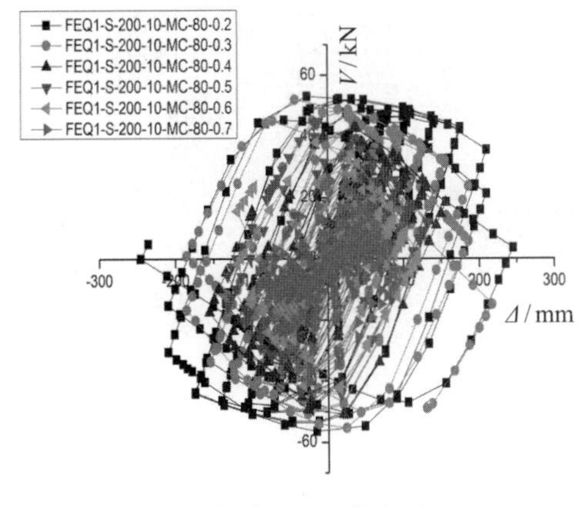

（15）宽厚比20，长细比80

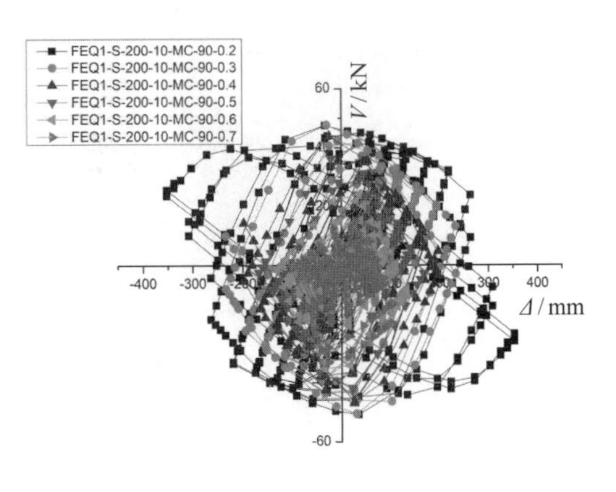

（16）宽厚比20，长细比90

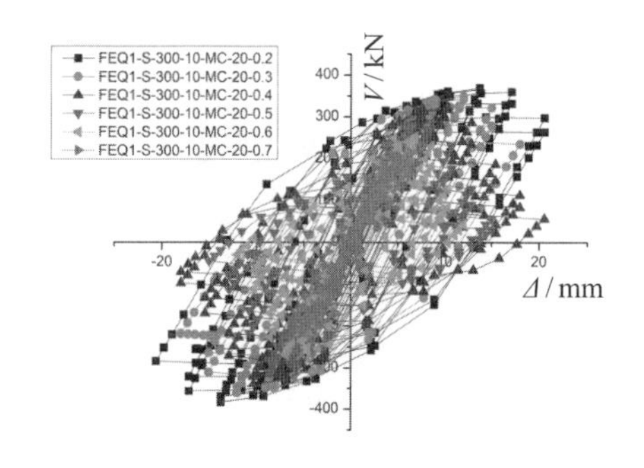

（17）宽厚比30，长细比20

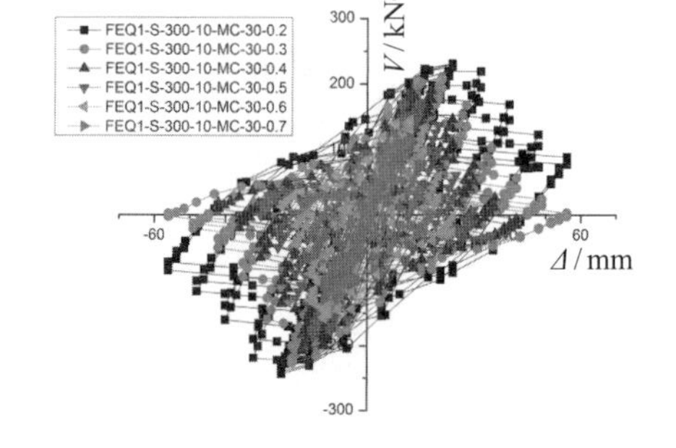

（18）宽厚比30，长细比30

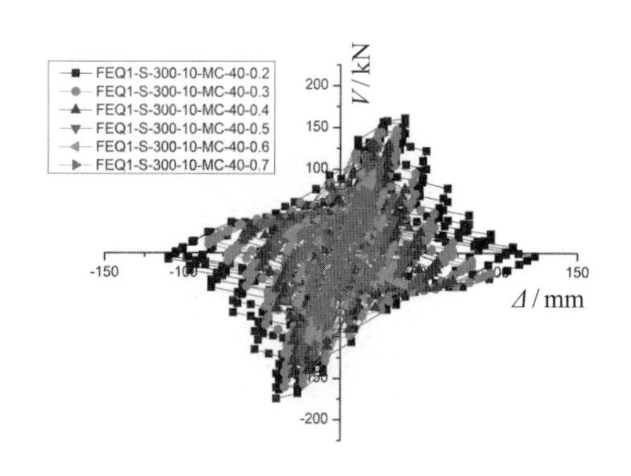

（19）宽厚比30，长细比40

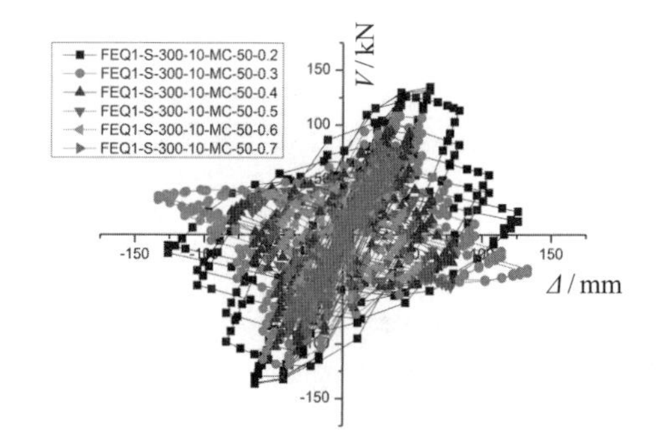

（20）宽厚比30，长细比50

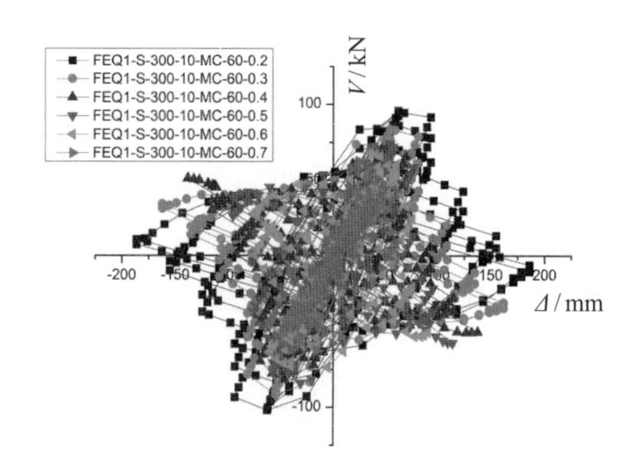

（21）宽厚比30，长细比60

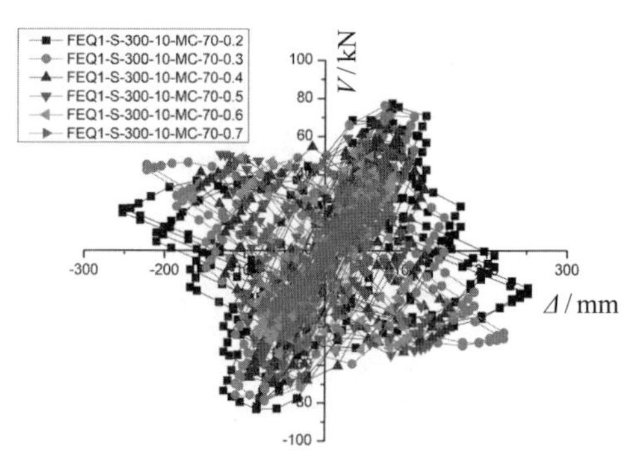

（22）宽厚比30，长细比70

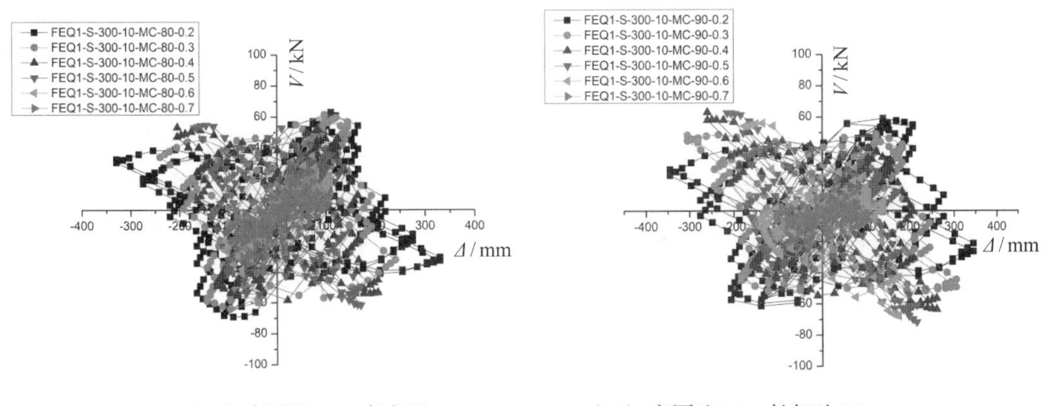

（23）宽厚比30，长细比80　　（24）宽厚比30，长细比90

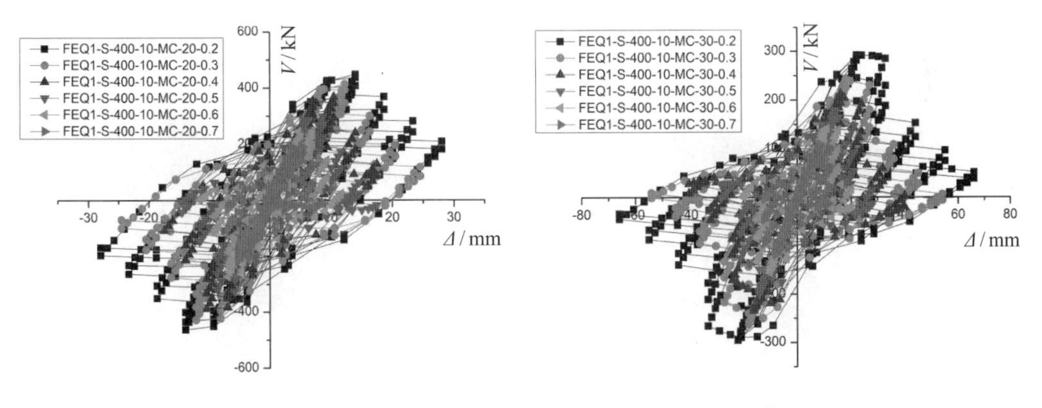

（25）宽厚比40，长细比20　　（26）宽厚比40，长细比40

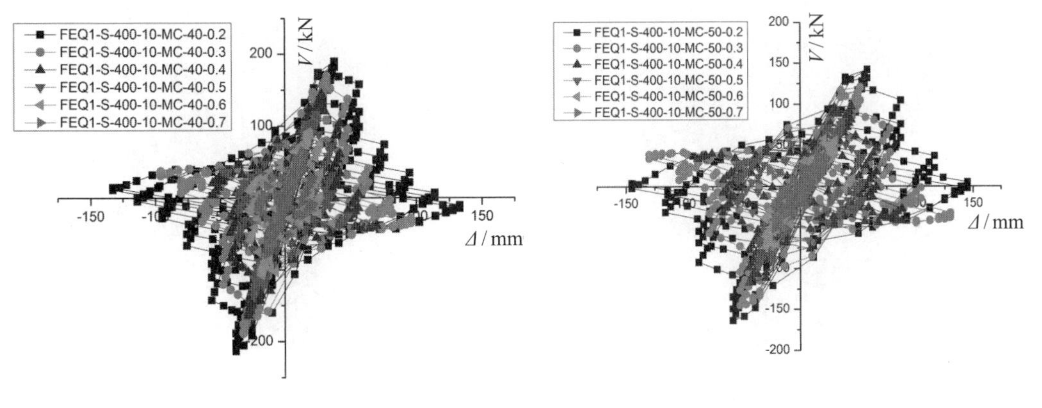

（27）宽厚比40，长细比40　　（28）宽厚比40，长细比50

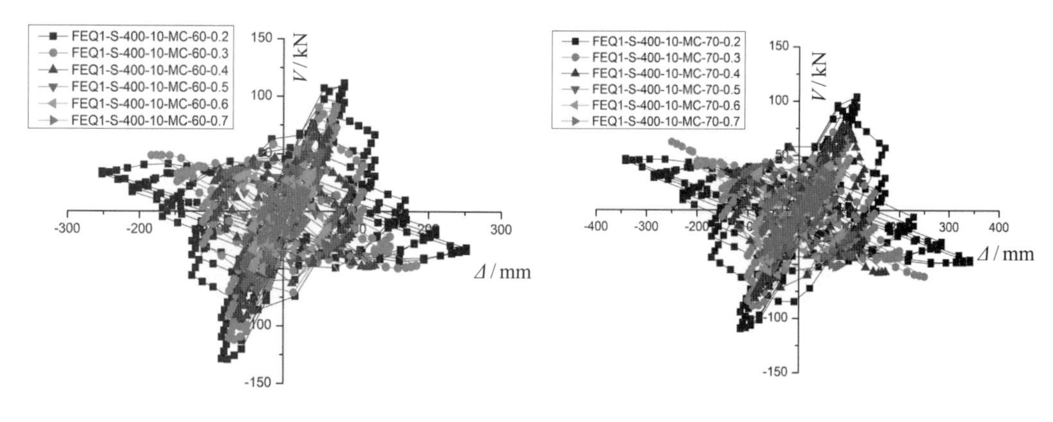

（29）宽厚比40，长细比60　　（30）宽厚比40，长细比70

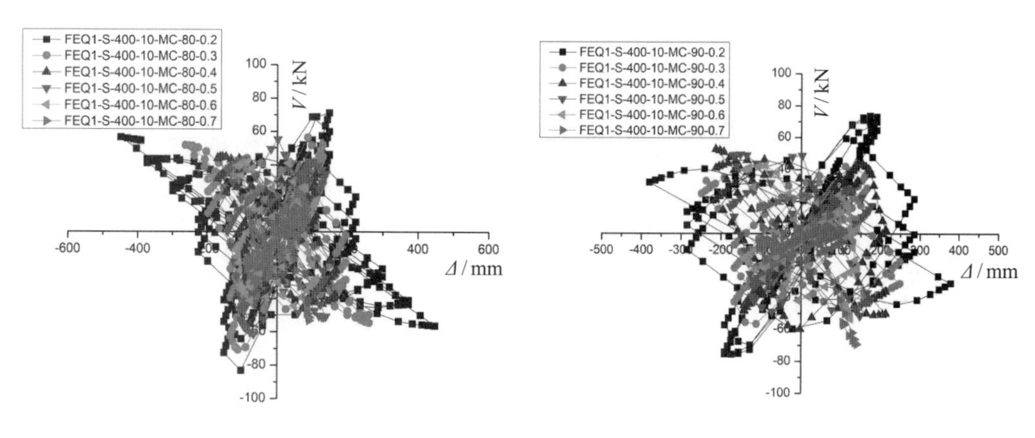

（31）宽厚比40，长细比80　　（32）宽厚比40，长细比90

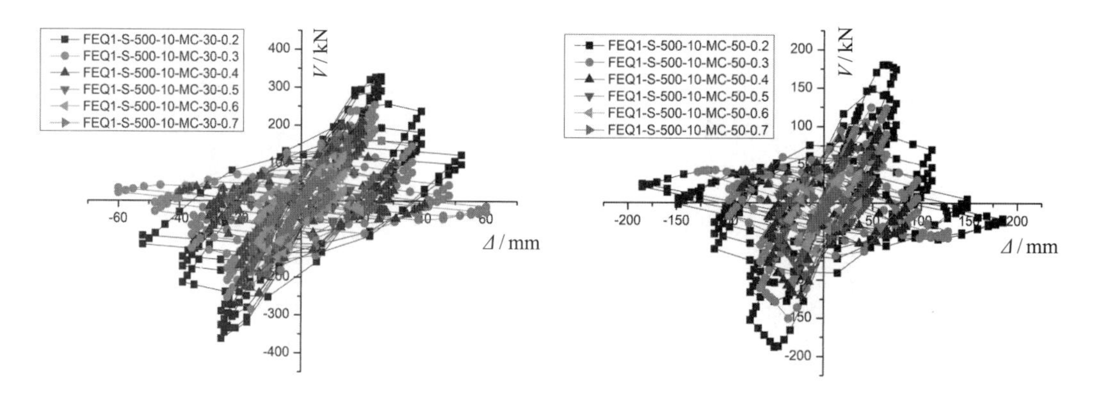

（33）宽厚比50，长细比30　　（34）宽厚比50，长细比50

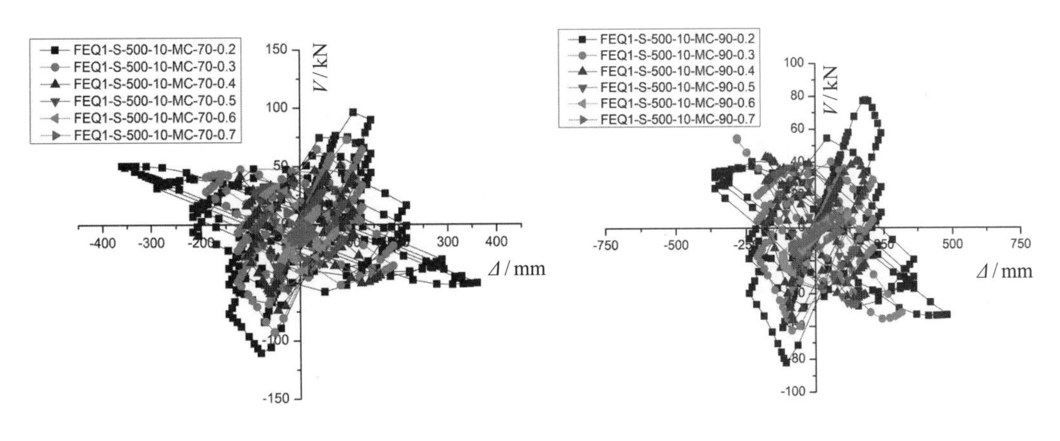

（35）宽厚比50，长细比70　　（36）宽厚比50，长细比90

图4.54　部分构件的滞回曲线

4.5　影响构件抗震性能的参数分析

4.5.1　$V_{o\max}/V_{op}$与宽厚比、长细比的关系

$V_{o\max}$为纯弯即轴压比n=0时，悬臂梁能承受的最大水平荷载；V_{op}为悬臂梁纯弯时按结构力学与材料力学理论求得全截面屈服时的水平荷载，按下式计算：

$$V_{op}=\frac{M_p}{L}=\frac{W_p f_y}{L} \tag{4.1}$$

式中：M_p、W——悬臂梁全截面屈服时的塑性弯矩和截面的塑性模量；

L——悬臂梁的悬臂长；

f_y——钢材的屈服强度。

由于在计算V_{op}时，没有考虑冷弯引起材料的硬化效应以及钢材应力进入弹塑性阶段后的应力强化效应，而这两个效应在用有限元计算$V_{o\max}$时都已计入，因此V_{op}的值都比$V_{o\max}$的小。

图4.55给出在长细比和宽厚比对$V_{o\max}/V_{op}$的影响，由图可知，$V_{o\max}/V_{op}$与长细比关系不大，随宽厚比增大呈非线性递减。

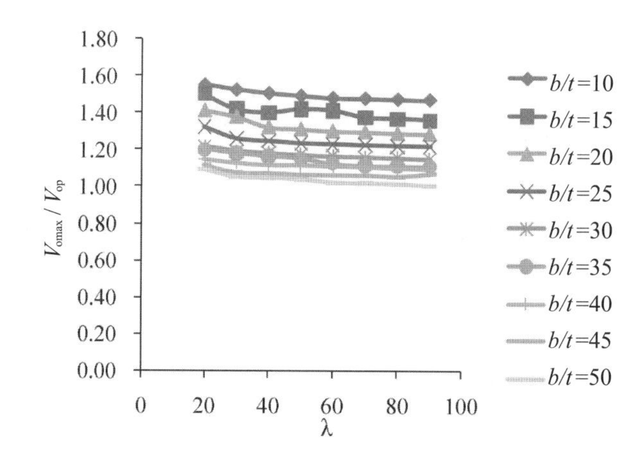

(a) 长细比对 $V_{o\max}/V_{op}$ 的影响

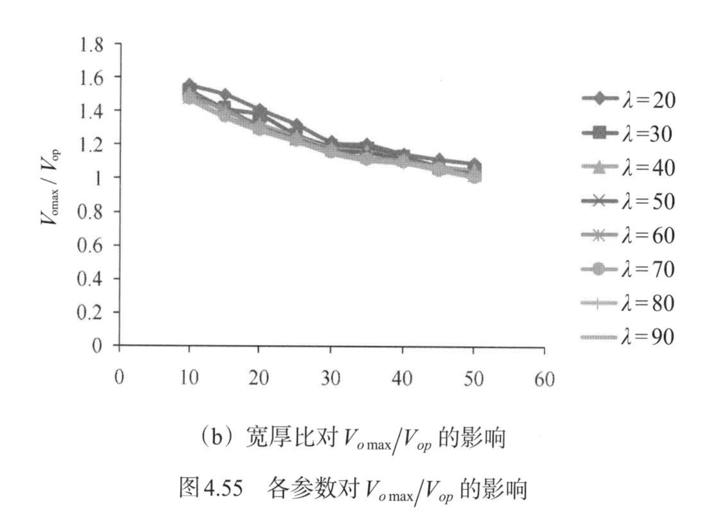

(b) 宽厚比对 $V_{o\max}/V_{op}$ 的影响

图4.55　各参数对 $V_{o\max}/V_{op}$ 的影响

由图4.55可拟合得下式:

$$\frac{V_{o\max}}{V_{op}}=0.0002\left(\frac{b}{t}\sqrt{\frac{f_y}{235}}\right)^2-0.0233\frac{b}{t}\sqrt{\frac{f_y}{235}}+1.71,\quad 10\leqslant\frac{b}{t}\leqslant 50 \tag{4.2}$$

4.5.2　$V_{\max}/V_{o\max}$ 与宽厚比、轴压比、长细比的关系

$V_{\max}$ 为轴压比 $n\neq 0$ 时，悬臂杆能承受的最大水平荷载。图4.56给出在长细比确定的情况下，$V_{\max}/V_{o\max}$ 与轴压比的关系图。图4.56（a）、(b)、(c）分别为 $\lambda=30$ 、$\lambda=50$ 、$\lambda=80$ 时的 $V_{\max}/V_{o\max}$ ～n关系图。

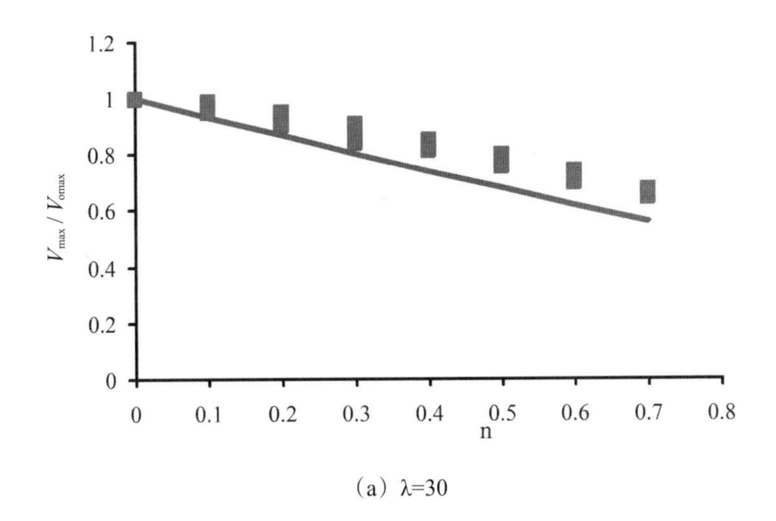

（a）λ=30

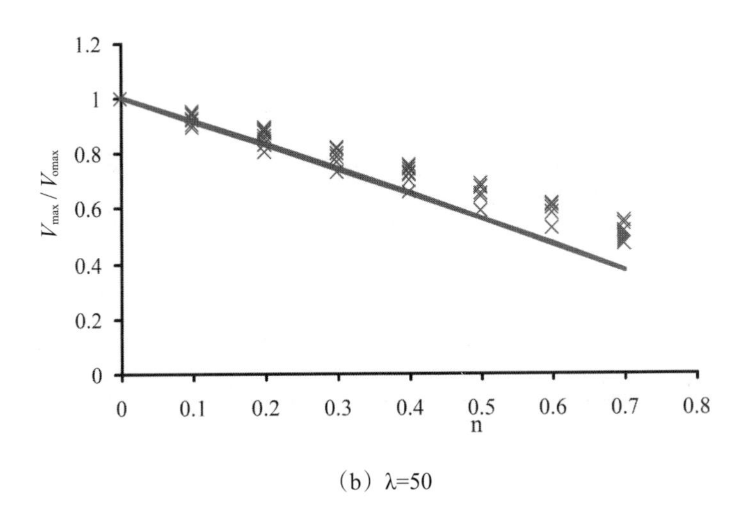

（b）λ=50

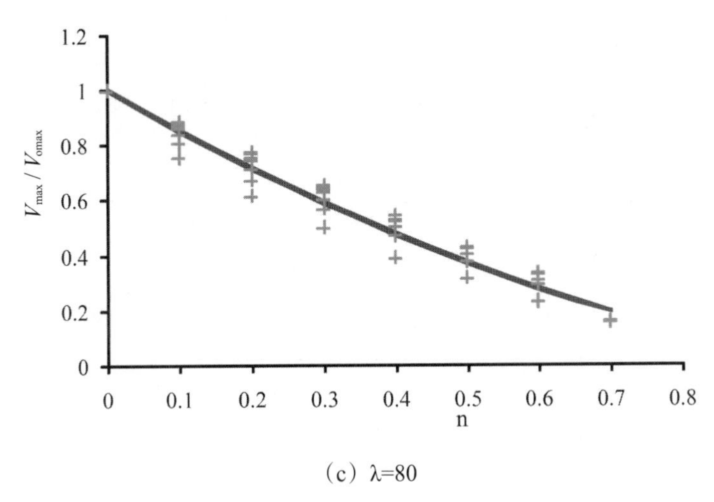

（c）λ=80

图4.56　$V_{max}/V_{o\max}$与轴压比的关系

图4.57给出在轴压比确定的情况下，$V_{max}/V_{o\,max}$ 与长细比的关系图。图4.57（a）、（b）、（c）分别为 $n=0.1$、$n=0.4$、$n=0.6$ 时的 $V_{max}/V_{o\,max}$ ～λ关系图。

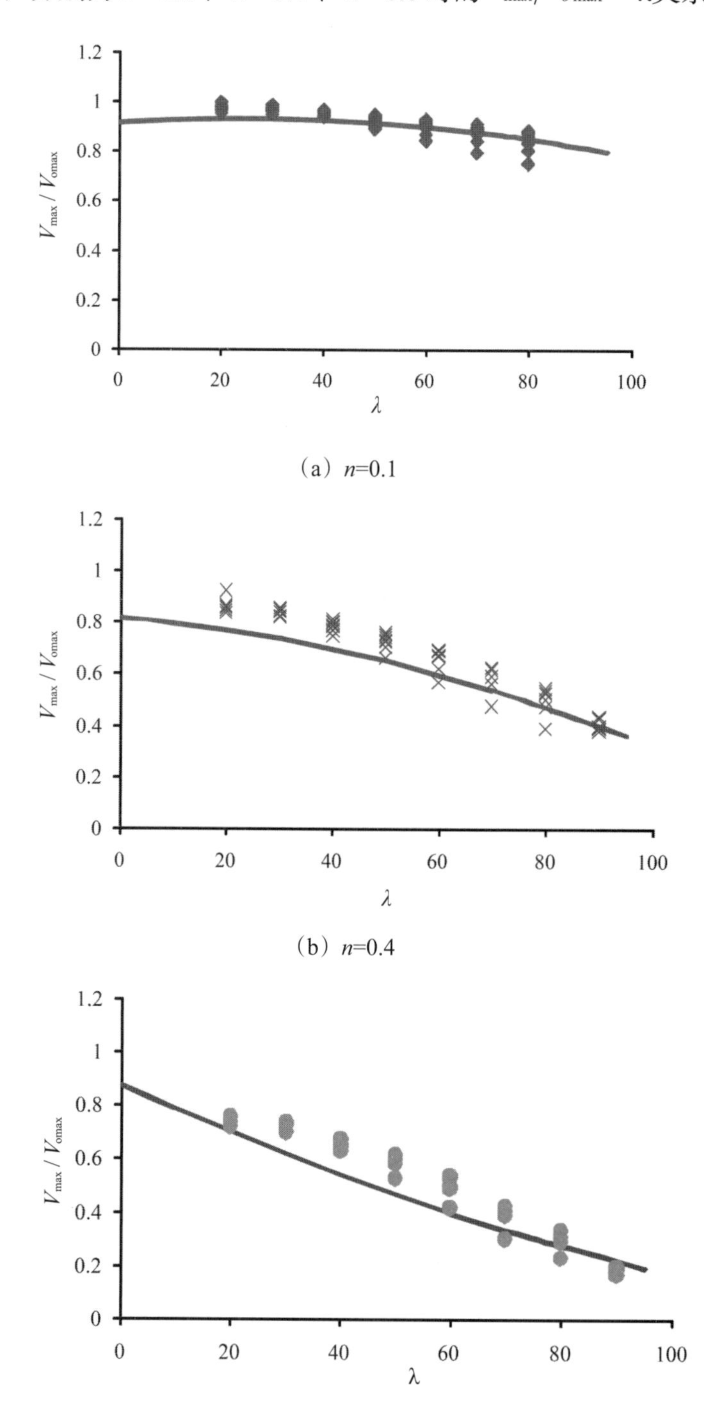

（a）n=0.1

（b）n=0.4

（c）n=0.6

图4.57　$V_{max}/V_{o\,max}$ 与长细比的关系

由图4.56图和4.57中可以看出，（1）由于 b/t 的变化，$V_{max}/V_{o\max}$ 的差异都较小，可以忽略去宽厚比变化的影响；（2）在λ确定时，$V_{max}/V_{o\max}$ 与 n 弱非线性关系；（3）在 n 确定时，$V_{max}/V_{o\max}$ 与λ弱若非线性关系。因此，$V_{max}/V_{o\max}$ 与λ和 n 的关系可拟合如下式：

$$\frac{V_{max}}{V_{o\max}}=1-(a+b\lambda+c\lambda^2)n,\qquad 0\leqslant\lambda\leqslant 95 \tag{4.3-1}$$

式中：

$$a=0.9673-1.273n \tag{4.3-2}$$

$$b=-0.0191+0.0576n \tag{4.3-3}$$

$$c=0.000327-0.000606n \tag{4.3-4}$$

在图4.56图和4.57中还绘出了由式（4.3-1）给出的曲线，两者吻合较好，验证了公式（4.3-1）到公式（4.3-4）的适用性。

4.5.3　V_{max}/V_y 与宽厚比、轴压比、长细比的关系

为分析长细比对 V_{max}/V_y 比值的影响，图4.58给出在轴压比和宽厚比确定的情况下 V_{max}/V_y 与长细比的关系。

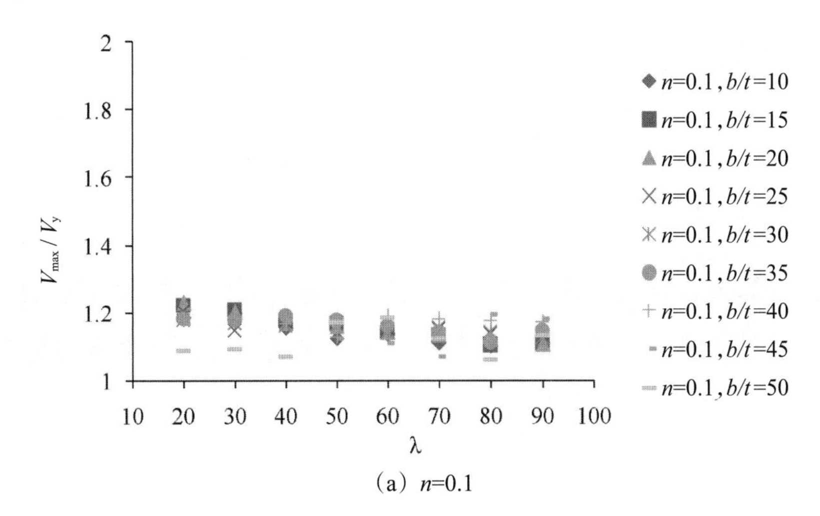

（a）n=0.1

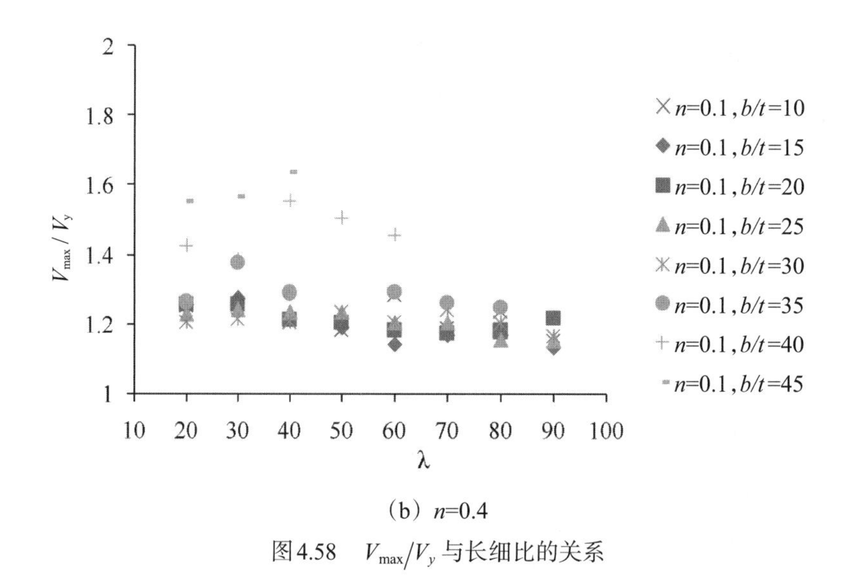

（b）n=0.4

图4.58　V_{max}/V_y 与长细比的关系

由图可见，轴压比和宽厚比相同时，比值 V_{max}/V_y 随着长细比的变化范围与其平均值的误差在10%以内，假定长细比对其影响不大。

4.5.4　初始弹性刚度与理论计算公式的比较

参考文献[102]，弹性刚度的理论计算公式可按照下式计算：

$$K = 0.9K_o(1 - \frac{P}{P_E}) \tag{4.4}$$

式中：$K_o = \frac{3EI}{l^3}$，$P_E = \frac{\pi^2 EI}{4l^2}$。

将理论计算公式得到的刚度 K 与有限元分析得到的初始弹性刚度 K_{fe} 比较见图4.59。由图可知，二者比值在1附近，最大值为1.07，最小值为0.87，均值为0.95。

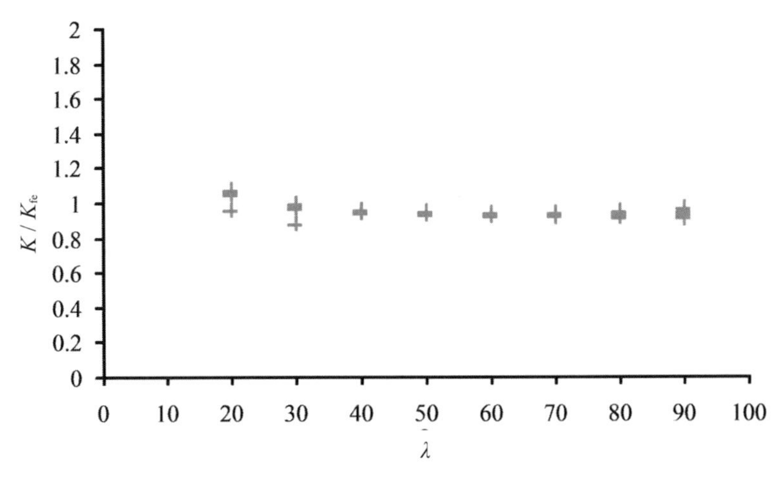

（a）以长细比为横坐标

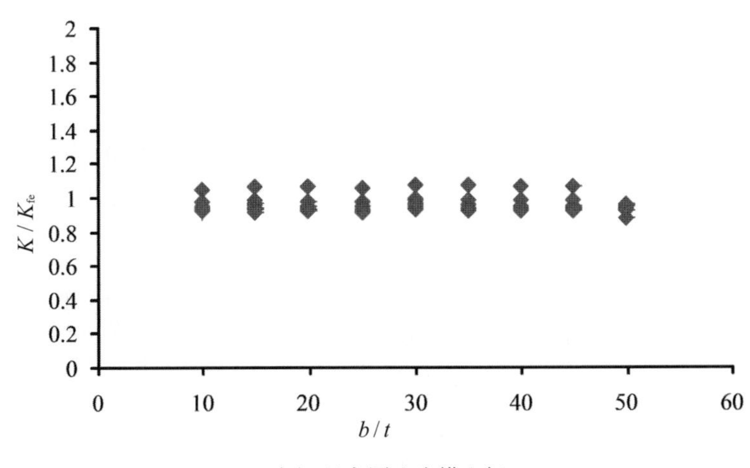

（b）以宽厚比为横坐标

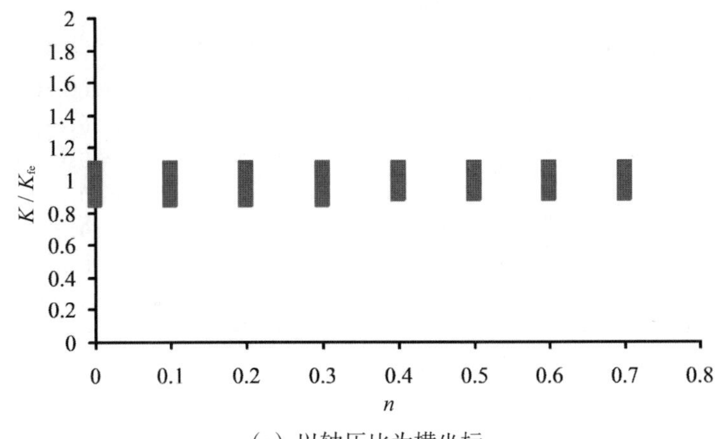

（c）以轴压比为横坐标

图4.59　初始弹性刚度与理论计算公式比较

4.5.5 Δ_m/Δ_y 与宽厚比、轴压比、长细比的关系

图4.60给出各试件的峰值处位移与屈服位移之比 Δ_m/Δ_y 与宽厚比的关系。

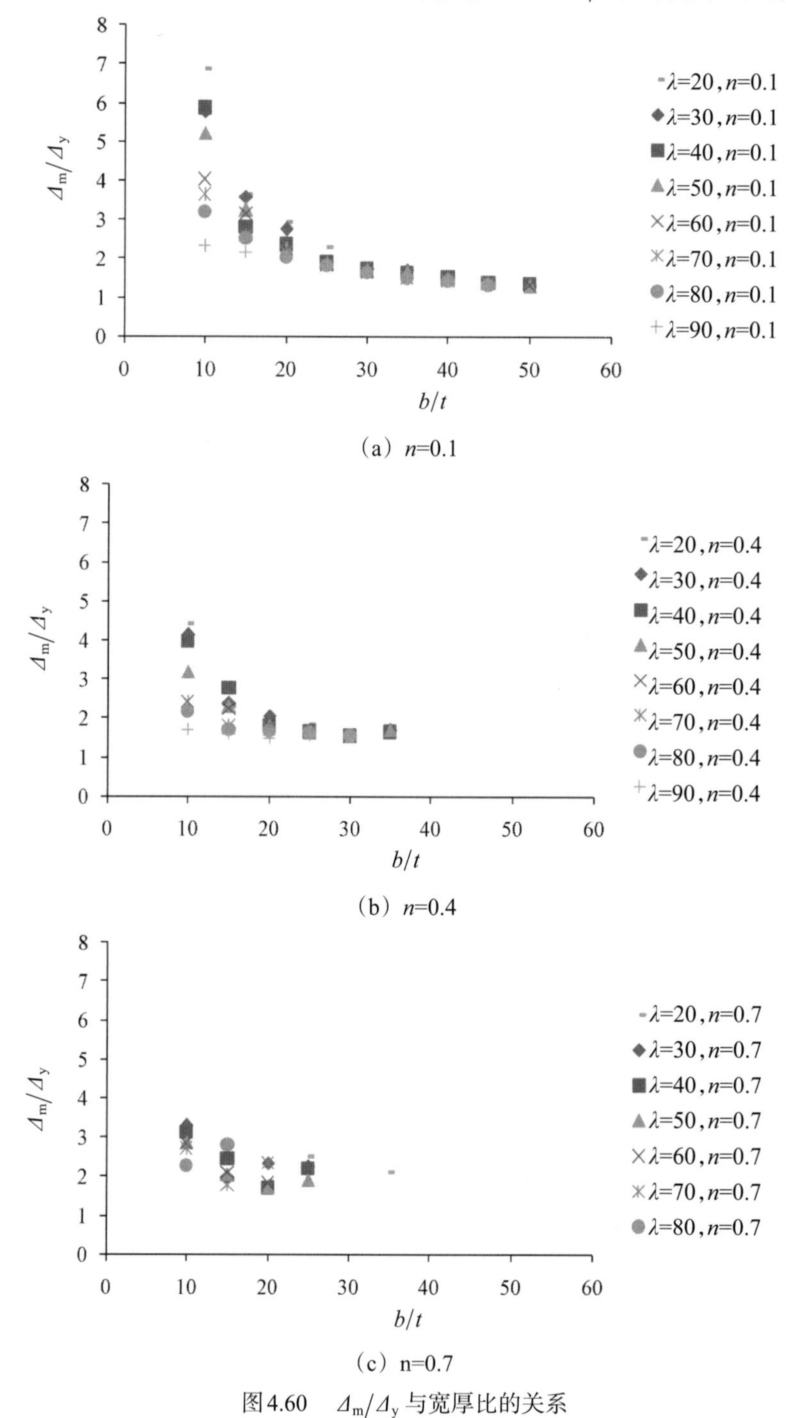

（a） n=0.1

（b） n=0.4

（c） n=0.7

图4.60 Δ_m/Δ_y 与宽厚比的关系

图4.61给出各试件的峰值处位移与屈服位移之比 Δ_m/Δ_y 与长细比的关系。

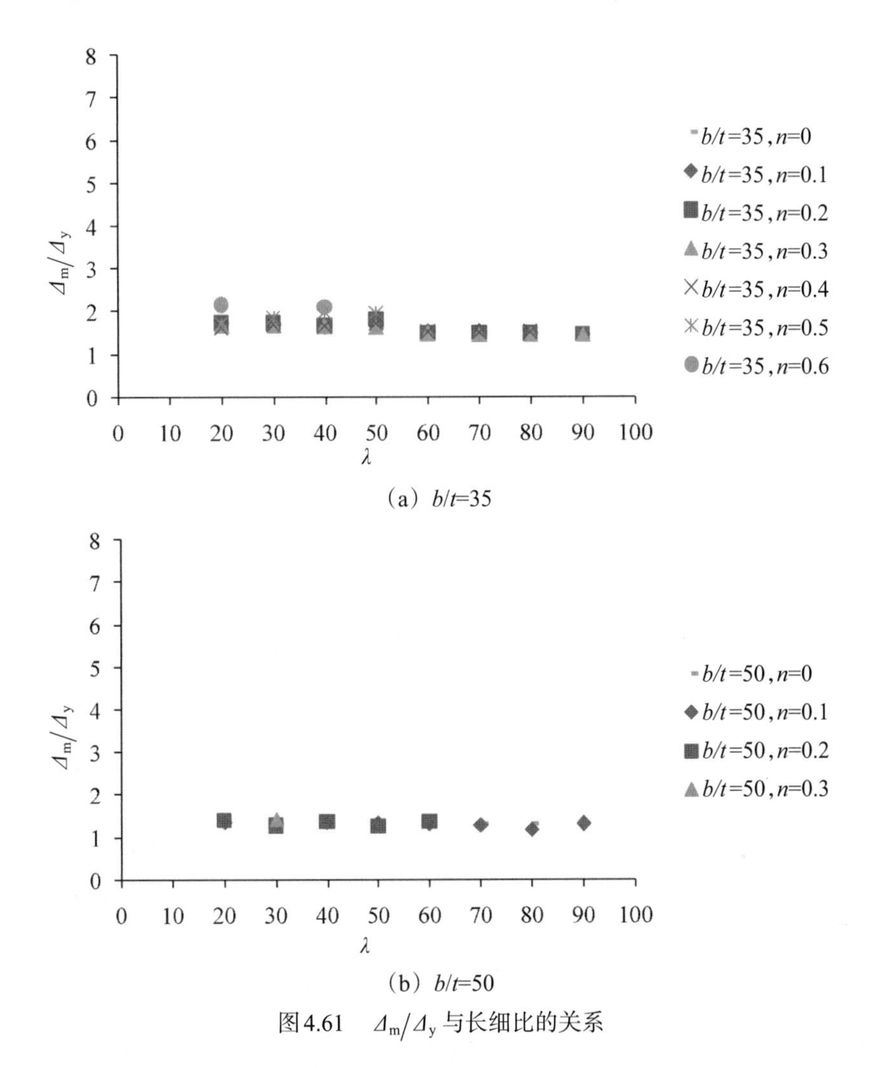

(a) b/t=35

(b) b/t=50

图4.61　Δ_m/Δ_y 与长细比的关系

由图可见，当 $b/t \leqslant 35$ 时，峰值处位移与屈服位移之比 Δ_m/Δ_y 随宽厚比和长细比增大均表现出非线性递减关系。当 $35 < b/t \leqslant 50$ 时，比值 Δ_m/Δ_y 与宽厚比关系不大，此时试件的破坏模式主要是局部失稳或者局部与整体耦合失稳破坏；在轴压比相同的情况下，比值 Δ_m/Δ_y 随着长细比的变化也较小。

4.5.6　Δ_u/Δ_m 与宽厚比、轴压比、长细比的关系

图4.62给出参数分析各试件的极限荷载处位移与峰值位移之比 Δ_u/Δ_m 与宽厚比的关系。

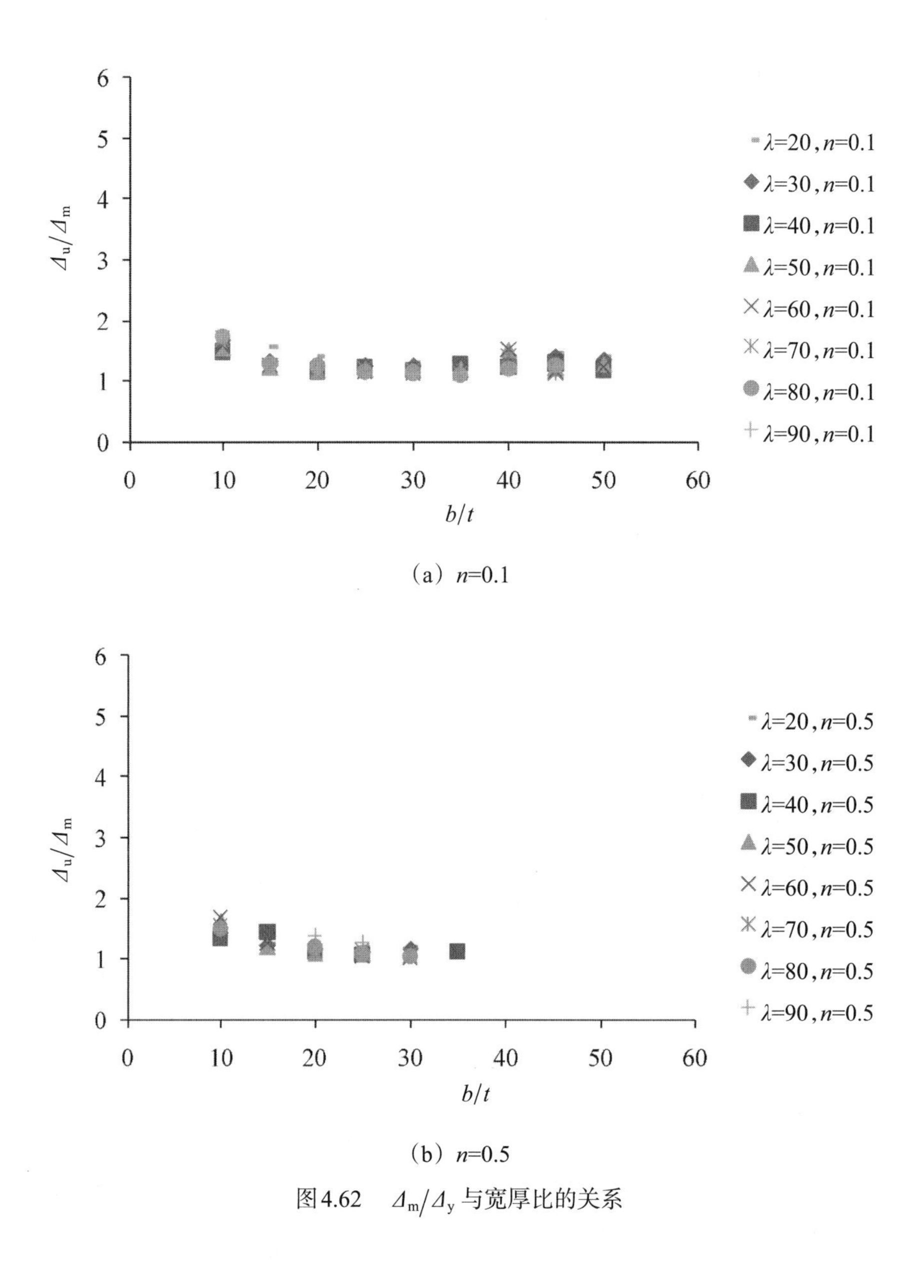

（a）n=0.1

（b）n=0.5

图4.62　Δ_m/Δ_y 与宽厚比的关系

图4.63给出参数分析各试件的极限荷载处位移与峰值位移之比 Δ_u/Δ_m 与轴压比的关系。

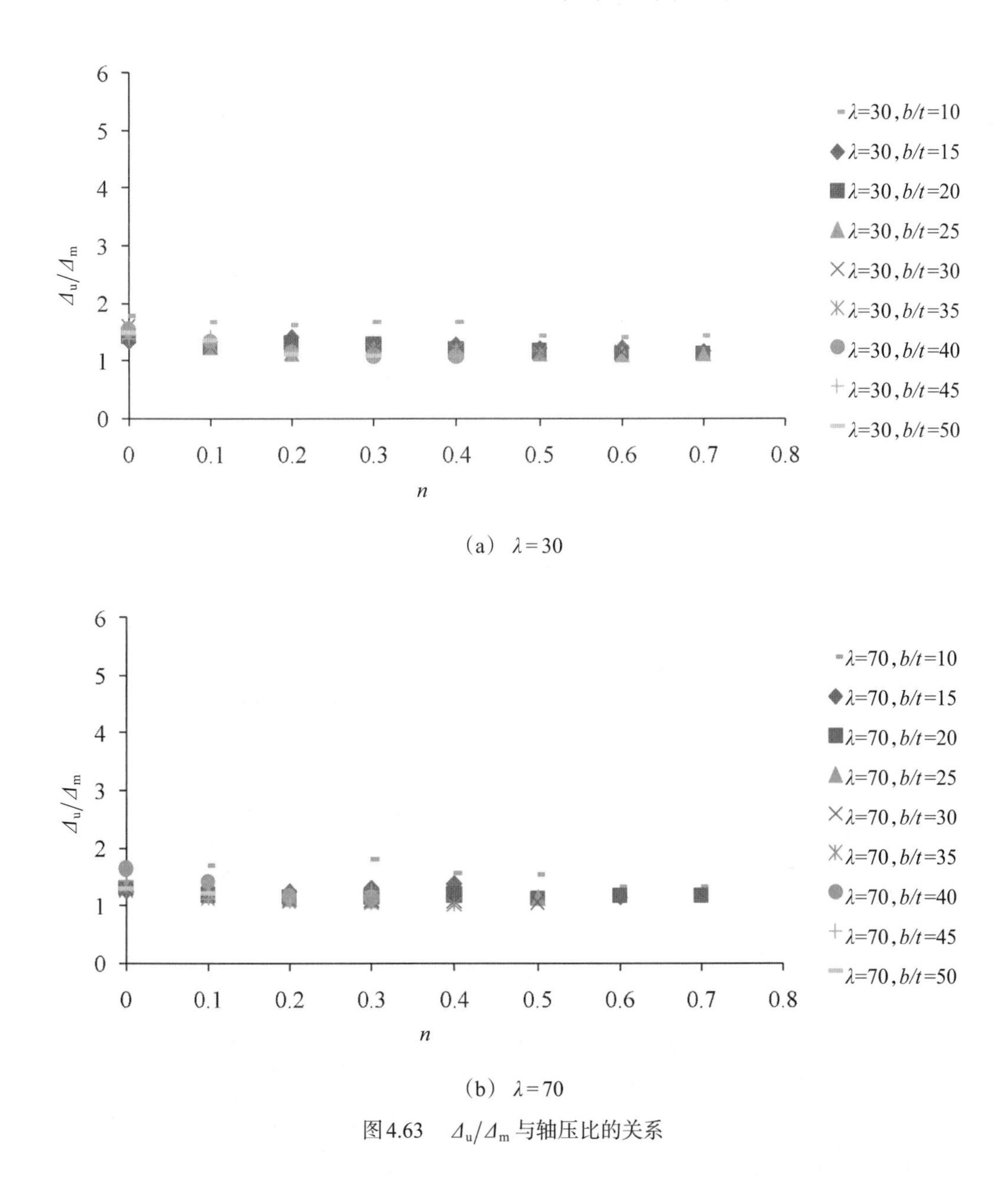

（a） $\lambda=30$

（b） $\lambda=70$

图4.63　$\varDelta_u/\varDelta_m$ 与轴压比的关系

由图可见，轴压比宽厚比和长细比对极限荷载处位移与峰值位移之比 $\varDelta_u/\varDelta_m$ 的影响不大；当宽厚比 $b/t>20$ 时，$\varDelta_u/\varDelta_m$ 值也近似是一常数。

4.6　破坏模式分类

从第三章试验结果可知，宽厚比是影响压弯试件在抗震性能下破坏模式的最主要因素，同时轴压比和长细比也对破坏模式也有重要影响。

根据《冷弯薄壁型钢结构技术规范》（GB 50018—2002），当方钢管的宽厚比 $b/t \leq 30$ 时，全截面有效，可以认为不发生局部屈曲。此时，根据长细比和轴压比的取值对应的破坏模式有强度破坏和整体失稳破坏两种。当方钢管的宽厚比 $30 \leq b/t \leq 50$ 时，部分全截面有效，发生局部屈曲。此时，根据长细比和轴压比的取值相应的破坏模式有只发生局部失稳破坏和整体失稳耦合破坏两种。结合试验和理论分析结果，给出破坏模式分界线见表4.4所列。

表4.4 压弯构件破坏模式分类

宽厚比	长细比	轴压比范围			
		强度破坏	局部失稳破坏	局部整体相关失稳破坏	整体失稳破坏
<30	$\lambda \leq 20$	0- $0.9n_{max}$			
	$20<\lambda \leq 30$	0- $0.9n_{max}$			
	$30<\lambda \leq 40$	0-<0.40			0.40～ $0.9n_{max}$
	$40<\lambda \leq 50$	0-<0.35			0.35～ $0.9n_{max}$
	$50<\lambda \leq 60$	0-<0.30			0.30～ $0.9n_{max}$
	$60<\lambda \leq 70$	0-<0.25			0.25～ $0.9n_{max}$
	$70<\lambda \leq 80$	0-<0.15			0.15～ $0.9n_{max}$
	$80<\lambda \leq 90$	0-<0.15			0.15～ $0.9n_{max}$
$30 \leq b/t<40$	$\lambda \leq 20$		0-<0.55	0.55～ ηn_{max}	
	$20<\lambda \leq 30$		0-<0.35	0.35～ ηn_{max}	
	$30<\lambda \leq 40$		0-<0.25	0.25～ ηn_{max}	
	$40<\lambda \leq 50$		0-<0.15	0.15～ ηn_{max}	
	$50<\lambda \leq 60$		0-<0.15	0.15～ ηn_{max}	
	$60<\lambda \leq 70$		0-<0.15	0.15～ ηn_{max}	
	$70<\lambda \leq 80$		0-<0.15	0.15～ ηn_{max}	
	$80<\lambda \leq 90$		0-<0.15	0.15～ ηn_{max}	
$40 \leq b/t<50$	$\lambda \leq 20$		0-<0.45	0.45～ ηn_{max}	
	$20<\lambda \leq 30$		0-<0.35	0.35～ ηn_{max}	
	$30<\lambda \leq 40$		0-<0.25	0.25～ ηn_{max}	
	$40<\lambda \leq 50$		0-<0.15	0.15～ ηn_{max}	
	$50<\lambda \leq 60$		0-<0.15	0.15～ ηn_{max}	
	$60<\lambda \leq 70$		0-<0.15	0.15～ ηn_{max}	
	$70<\lambda \leq 80$		0-<0.15	0.15～ ηn_{max}	
	$80<\lambda \leq 90$		0-<0.15	0.15～ ηn_{max}	

其中，n_{max} 为考虑有效截面时构件可承受的轴压比，按照《冷弯薄壁型钢结构技术规范》计算如下：

$$n_{\max}=\frac{N_{\max}}{A\cdot f}=\frac{\varphi\cdot A_e\cdot f}{A\cdot f}=\varphi\frac{A_e}{A} \tag{4.5}$$

减系数 η 与长细比有关，表达公式为

$$\eta=-0.004\lambda\sqrt{f_y/235}+0.68\text{，且 }20\leqslant\lambda\sqrt{f_y/235}\leqslant 90 \tag{4.6}$$

根据表3.12试件的实际参数，按表4.4关于构件破坏模式分类表，对表3.12所列的24根试件进行破坏模式分类，除第14号试件外，其余23根试件都与试验结果吻合。14号试件的试验结果应为局部与整体失稳耦合，而按表4.4为整体失稳破坏。

4.7　本章小结

（1）利用有限元软件ANSYS，对试验设计时所考察的影响压弯构件抗震性能的主要因素进行全面的参数分析。

（2）参数分析表明：轴压比、长细比和宽厚比对试件的水平荷载-位移滞回曲线及相应的骨架曲线形状有重要的影响。轴压比和长细比越大，柱顶的峰值荷载和位移越小，延性越差。宽厚比越大，峰值点过后骨架曲线下降得越陡，即构件的刚度、承载力退化越严重。

（3）根据轴压比、长细比和宽厚比三个参数，对试件的破坏模式分为四类：当宽厚比小于30时，若长细比 $\lambda\leqslant 30$，试件主要发生强度为主的破坏；若长细比为30～90时，随着长细比的增大，试件发生强度破坏时对应的轴压比越来越小，即长细比过大时，试件在较小轴压比时就发生整体失稳破坏。当宽厚比为30～50时，根据长细比和轴压比的不同取值，试件主要发生局部失稳或局部与整体失稳耦合的破坏。

第5章

冷弯厚壁钢管压弯构件反复受力简化恢复力模型

5.1 引言

从第4章分析结果可以看出，有限元数值模拟方法可以较为准确地进行反复荷载作用下压弯构件的全过程受力分析，但该方法计算烦琐，不便于工程应用。为此，有必要提出反复荷载作用下压弯构件的简化恢复力模型，为直接运用于结构抗震分析打下基础。

本章主要内容为：基于上一章的参数分析结果，通过回归分析得到构件水平荷载-侧移骨架曲线上各特征点的实用计算公式；给出反复荷载作用下压弯构件的简化恢复力模型，并与试验曲线进行比较，验证本简化恢复力模型的准确性。

5.2 压弯构件水平荷载-侧移骨架曲线各特征点的计算公式

根据反复荷载作用下压弯构件骨架曲线的特点，采用三折线模型来模拟试件的骨架曲线。选用屈服荷载点（Δ_y，V_y）、最大荷载点（Δ_m，V_{max}）以及极限荷载点（Δ_u，V_u）作为骨架曲线的关键点，见图5.1。

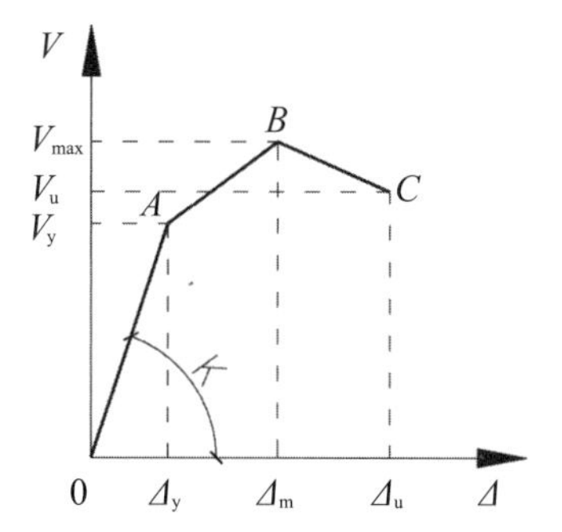

图5.1　反复荷载作用下骨架曲线模型

5.2.1　最大荷载 V_{max}

计算公式见4.5.2中公式（4.3-1）。

5.2.2　屈服荷载 V_y

根据4.5.3节参数分析结果，拟合得到 V_{max}/V_y 与宽厚比和轴压比的公式如下：

$$\frac{V_{max}}{V_y}=1.15+(0.4804-0.029n)n^3(3.174-0.2655\frac{b}{t}+0.00784\frac{b^2}{t^2}) \tag{5.1}$$

5.2.3　极限荷载 V_u

由于极限荷载定义为骨架曲线上荷载下降到最大荷载85%所对应的点，因此，取 $V_u=0.85V_{max}$ 。

5.2.4　初始弹性刚度 K

初始弹性刚度根据4.5.4中公式（4.4）计算。

5.2.5　屈服点位移 Δ_y

求出屈服点荷载后，根据下式即可得到屈服位移。

$$\Delta_y=V_y/K \tag{5.2}$$

5.2.6 峰值位移 $\Delta_{\rm m}$

根据4.5.5节参数分析结果，拟合得到 Δ_m/Δ_y 的计算公式为

$$\frac{\Delta_m}{\Delta_y}=A-B\frac{b}{t}+C\frac{b^2}{t^2},\qquad \frac{b}{t}<35, \tag{5.3-1}$$

式中

$$A=14.0935-0.1327\lambda \tag{5.3-2}$$

$$B=0.8491-0.008907\lambda \tag{5.3-3}$$

$$C=0.014707-0.00014932\lambda \tag{5.3-4}$$

$$\frac{\Delta_m}{\Delta_y}=2.39-0.00387\lambda,\qquad \frac{b}{t}\geqslant 35, \tag{5.4}$$

5.2.7 极限位移 $\Delta_{\rm u}$

根据4.5.6节参数分析结果，按照峰值位移和极限位移之间的比例关系，给出极限位移计算公式如下：

$$\frac{\Delta_{\rm u}}{\Delta_{\rm m}}=\begin{cases}-0.047\dfrac{b}{t}+2.47, & \dfrac{b}{t}\leqslant 25\\ 1.295, & \dfrac{b}{t}>25\end{cases} \tag{5.5}$$

5.2.8 峰值荷载和峰值位移的对比

为量化比较试验和公式的吻合情况，表5.1给出了试验和本节公式得到的峰值荷载和峰值位移值。其中，符号 $\Delta_{\rm m}^{\rm exp}$ 和 $V_{\rm max}^{\rm exp}$ 表示试验得到的峰值位移和峰值荷载；符号 $\Delta_{\rm m}$ 和 $V_{\rm max}$ 表示本节公式得到的峰值位移和峰值荷载。

表5.1 试验和本节公式得到的峰值荷载和峰值位移

序号	试件编号	试验结果		公式结果		$\Delta_{\rm m}^{\rm exp}/\Delta_{\rm m}$	$V_{\rm m}^{\rm exp}/V_{\rm max}$
		$\Delta_{\rm m}^{\rm exp}$	$V_{\rm max}^{\rm exp}$	$\Delta_{\rm m}$	$V_{\rm max}$		
1	Q2-S-250-8-MC-1-A	118.59	58.1	117.51	52.30	1.01	1.11
2	Q2-S-350-12-MC-2	80.06	184	72.20	165.22	1.11	1.11

续表

序号	试件编号	试验结果		公式结果		Δ_m^{exp}/Δ_m	V_m^{exp}/V_{max}
		Δ_m^{exp}	V_{max}^{exp}	Δ_m	V_{max}		
3	Q2-S-350-12-MC-3	20.08	293.49	18.55	273.44	1.08	1.07
4	Q2-S-220-10-MC-1	60.16	115.6	53.72	114.42	1.12	1.01
5	Q2-S-350-16-MC-2	50.02	572.57	29.44	533.06	1.70	1.07
6	Q2-S-220-10-MC-3	44.40	19.8	53.64	18.93	0.83	1.05
7	Q2-S-135-10-MC-1	29.14	133.97	25.22	134.43	1.16	1.00
8	Q2-S-108-10-MC-2	31.99	18.45	39.46	19.27	0.81	0.96
9	Q2-S-120-10-MC-3	17.90	41.67	19.47	26.10	0.92	1.60
10	Q2-S-250-8-MC-1-B	120.73	55.4	122.27	57.39	0.99	0.97
11	Q1-S-220-10-MC-1-A	65.49	103.8	43.39	90.88	1.51	1.14
12	Q1-S-220-10-MC-1-B	66.39	99.38	49.30	112.40	1.35	0.88
13	Q1-S-108-10-MC-2	43.56	16.65	41.90	21.06	1.04	0.79
14	Q1-S-350-14-MC-2	39.56	283.28	25.50	235.02	1.55	1.21
15	Q1-S-250-16-MC-3	48.08	72.61	64.16	64.78	0.75	1.12
16	Q2-R-350-12-MC-1	121.07	122.34	127.31	123.61	0.95	0.99
17	Q2-R-350-12-MC-2	53.79	148.17	53.64	132.04	1.00	1.12
18	Q2-R-350-12-MC-3	21.91	138.12	17.73	138.14	1.24	0.95
19	Q2-R-300-8-MC-1	54.32	78.07	63.48	102.70	0.86	0.76
20	Q2-R-300-8-MC-2	12.13	152.16	11.71	185.13	1.04	0.82
21	Q2-R-300-8-MC-3	41.09	18.91	32.77	15.99	1.25	1.18
22	Q2-R-400-10-MC-1	24.50	370.95	20.97	439.47	1.17	0.84
23	Q2-R-400-10-MC-2	91.28	50.48	88.21	59.50	1.03	0.85
24	Q2-R-400-10-MC-3	30.41	90.32	19.70	82.31	1.54	1.10
均值						1.12	1.03
标准差						0.25	0.18
变异系数						0.22	0.17

注:公式结果采用有效轴压比 n_e 计算得到。

由表5.1可以看到，各试件的试验峰值荷载与本节中公式计算得到的峰值荷载之比的均值是1.03，表明公式偏于安全。对于强度破坏为主的四个试件，试验峰值荷载与公式计算峰值荷载之比均在1附近，其平均值是1.07。

对于整体失稳破坏为主的五个试件，试验峰值位移与公式峰值位移之比为0.75～1.04，均值是1.09；试验峰值荷载与公式峰值荷载之比为0.79～1.60，均值是1.07。

发生局部失稳破坏为主的试件Q2-R-400-10-MC-1的试验和公式得到的峰值位移和峰值荷载之比分别是1.17和0.84。

对于整体和局部失稳耦合破坏为主的试件，试件Q2-S-350-16-MC-2的峰值位移与相应的试验值偏差较大外，其他都比较接近。试验峰值位移与公式计算的峰值位移之比分布为0.86～1.55。试验峰值荷载与有限元峰值荷载之比为0.76～1.21。

5.3 压弯构件水平荷载–侧移的简化恢复力模型

构件恢复力模型包括骨架曲线和滞回规则两方面的内容。骨架曲线上各特征点的值可根据上节公式计算得到。滞回规则与破坏模式有关，分述如下。

5.3.1 强度破坏或整体失稳破坏为主的简化恢复力模型

发生强度破坏和整体失稳破坏为主的试件，从其试验和有限元得到的柱顶水平荷载-位移滞回曲线的形状可以看到：当柱顶水平荷载达到屈服荷载后，各级位移的滞回环呈平行四边形形状；卸载刚度与弹性刚度几乎相同，没有明显的退化。因此，假定发生强度破坏或整体失稳破坏为主的试件的$V-\Delta$简化恢复力模型如图5.2所示。

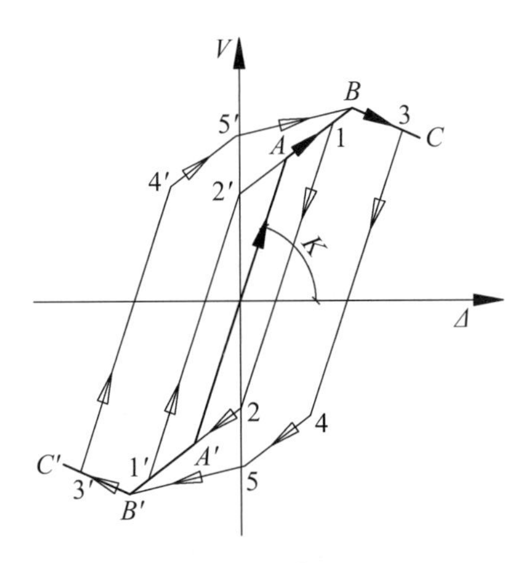

图5.2　柱顶水平荷载-位移滞回模型

简化恢复力模型的加卸载规则假定如下：

（1）骨架曲线采用三折线模型，且假定正反方向的骨架曲线是对称的；

（2）当荷载从骨架曲线AB（或$A'B'$）段的任意点1（或1′）卸载时，其加卸载路径为1→2→A'→1′→2′→A→1。当荷载从骨架曲线BC（或$B'C'$）段的任意点3（或3′）卸载时，其加卸载路径为3→4→5→B'→3′→4′→5′→B→3。

（3）加卸载路径中，线段12（1′2′）及34（3′4′）的斜率与骨架曲线的初始斜率相等，且它们的长度均与线段AA'相等。线段1′2、2′1、45及4′5′的斜率与骨架曲线上的AB（或$A'B'$）段的斜率相等。其中，点1（2）、3（4）及点5的横坐标绝对值分别与1′（2′）、3′（4′）及点5′相等，线段45及4′5′的长度与骨架曲线上的AB（或$A'B'$）段长度相等。

5.3.2　局部失稳破坏为主的简化恢复力模型

发生局部失稳破坏为主的试件，从其试验和有限元得到的柱顶水平荷载-位移滞回曲线的形状可以看到：当柱顶水平荷载在屈服荷载和峰值荷载之间时，各级位移的滞回环基本呈平行四边形形状，且其卸载刚度与弹性刚度基本相同；超过峰值荷载以后，试件的卸载曲线定点指向某一固定点。因此，根据试验和有限元得到的柱顶水平荷载—位移滞回环的形状规律，假定此种破坏模式的试件的V-Δ简化恢复力模型如图5.3所示。

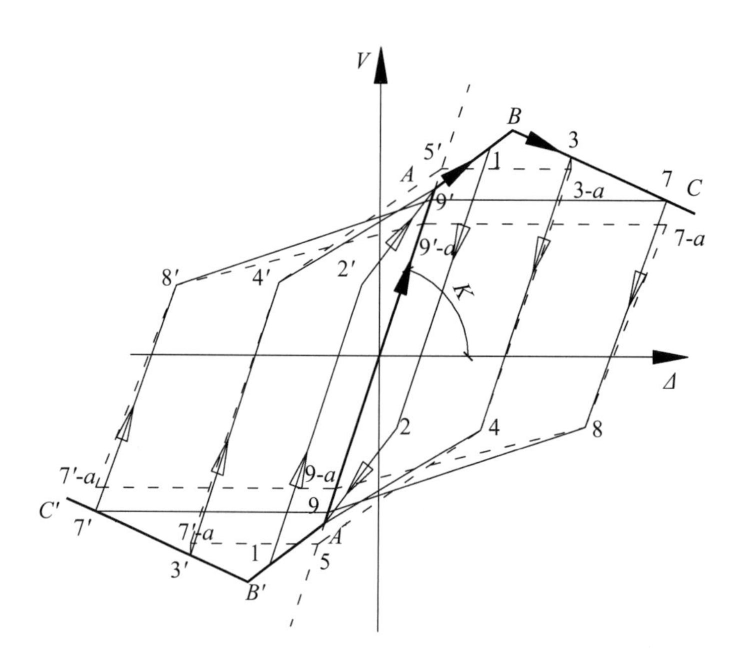

图5.3　柱顶水平荷载-位移滞回模型

简化恢复力模型的加卸载规则假定如下：

（1）骨架曲线采用三折线模型，且假定正反方向的骨架曲线是对称的；

（2）当荷载从骨架曲线*AB*（或*A′B′*）段的任意点1（或1′）卸载时，其加卸载路径为1→2→*A′*→1′→2′→*A*→1。当荷载从骨架曲线BC段的任意点3第一圈卸载时，其加卸载路径为3→4→*A′*→*B′*→3′→4′→*A*→*B*→3；第二圈卸载时，其加卸载路径为3-*a*→4→5→3′-*a*→4′→5′→3-*a*；当荷载从骨架曲线*BC*段的任意点7第一圈卸载时，其加卸载路径为7→8→9→7′→8′→9′→7；第二圈卸载时，其加卸载路径为7-*a*→8→9-*a*→7′-*a*→8′→9′-*a*→7-*a*；第三圈、第四圈……卸载时，遵循从第一圈到第二圈的规律。

（3）加卸载路径中，线段12（1′2′）、34（3′4′）及78（7′8′）的斜率与骨架曲线的初始斜率相等，且2点、4点和8点的荷载值分别是1点、3点和7点的荷载值的$\frac{1}{5}$，2′点、4′点和8′点的荷载值分别是1′点、3′点和7′点的荷载值的$\frac{1}{5}$；

3-*a*点和3′-*a*点的荷载值分别是3点和3′点的荷载值的0.95；5点、5′点的荷载值分别与3′-*a*点、3-*a*点的荷载值相等；

7-*a*点和7′-*a*点的荷载值分别是7点和7′点的荷载值的0.95；9点、9′点的荷载值分别与7′点、7点的荷载值相等；9-a点、9′-a点的荷载值分别与7′-a点、7-a点的荷载值相等；

点5、5′、9、9′、9-a、9′-a均位于AA'的延长线上。

5.3.3 局部失稳和整体失稳耦合破坏为主的简化恢复力模型

发生局部和整体失稳耦合破坏为主的试件，从其试验和有限元得到的柱顶水平荷载-位移滞回曲线的形状可以看到：当柱顶水平荷载在屈服荷载和峰值荷载之间时，各级位移的滞回环基本呈平行四边形形状，且其卸载刚度与弹性刚度基本相同；超过峰值荷载以后，试件的承载力迅速下降，且大部分试件在同级位移下已经下降到荷载的85%以下。因此，根据试验和有限元得到的柱顶水平荷载-位移滞回环的形状规律，假定此种破坏模式的试件的V–Δ简化恢复力模型如图5.4所示。

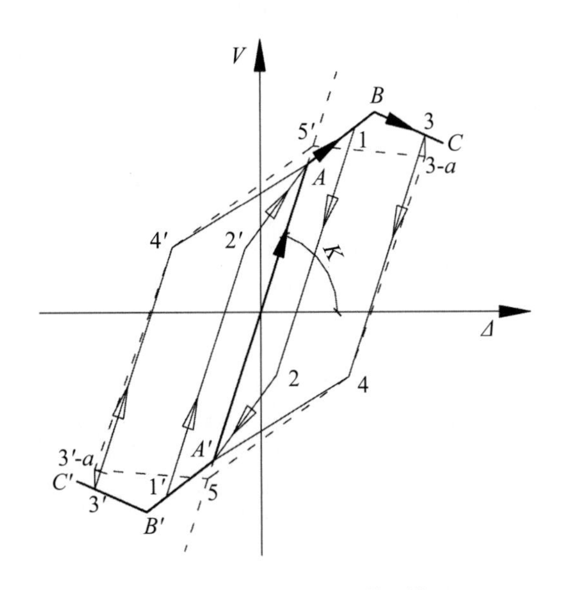

图5.4 柱顶水平荷载-位移滞回模型

简化恢复力模型的加卸载规则假定如下：

（1）骨架曲线采用三折线模型，且假定正反方向的骨架曲线是对称的；

（2）当荷载从骨架曲线AB（或$A'B'$）段的任意点1（或1′）卸载时，其加卸载路径为1→2→A'→1′→2′→A→1。当荷载从骨架曲线BC段的任意点3第一圈卸载时，其加卸载路径为3→4→A'→B'→3′→4′→A→B→3；第二圈卸载时，其加卸载路径为3-a→4→5→3′-a →4′ →5′→3-a；

（3）加卸载路径中，线段12（1′2′）及34（3′4′）的斜率与骨架曲线的初始斜率相等，且2点和4点的荷载值分别是1点和3点的荷载值的0.2，2′点和4′点的荷载值分别是1′点和3′点的荷载值的0.2；5点和5′点的荷载值分别是3′点和3点的荷载值的0.9；3-a点和3′-a点的荷载值分别是3点和3′点的荷载值的0.8；点5、5′均位于AA'的延长线上。

5.4 简化恢复力模型与试验结果的骨架曲线比较

5.4.1 强度破坏为主的构件

强度破坏为主的简化恢复力模型与试验曲线的对比如图5.5所示。

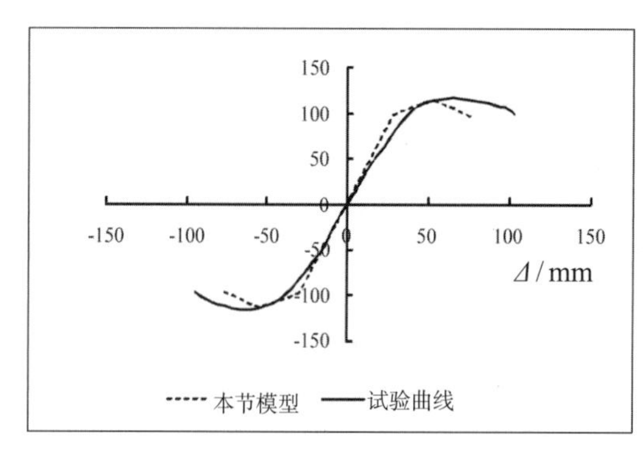

（a）Q2-S-220-10-MC-1

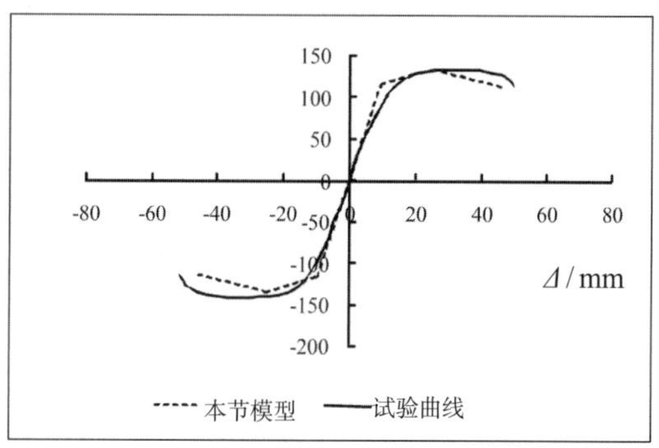

（b）Q2-S-135-10-MC-1

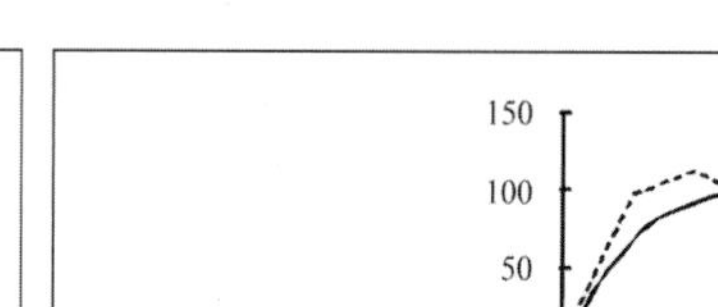

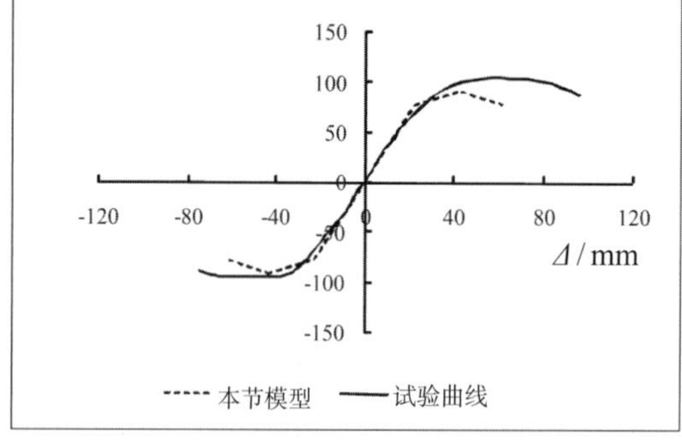

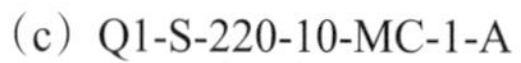

（c）Q1-S-220-10-MC-1-A

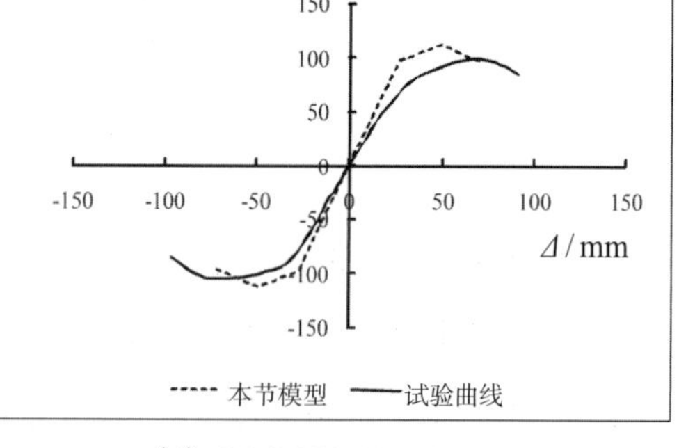

（d）Q1-S-220-10-MC-1-B

图5.5 强度破坏时简化恢复力模型与试验骨架曲线的对比

试件Q1-S-220-10-MC-1-A与Q1-S-220-10-MC-1-B的长细比、宽厚比和轴压比等各参数均相同，只是钢管生产厂家不同。由图可见，强度破坏为主的试件简化恢复力模型与试验骨架曲线吻合较好，简化模型能反映骨架曲线的基本特征。

5.4.2　整体失稳破坏为主的构件

整体失稳破坏为主的简化恢复力模型与试验曲线的对比如图5.6所示。

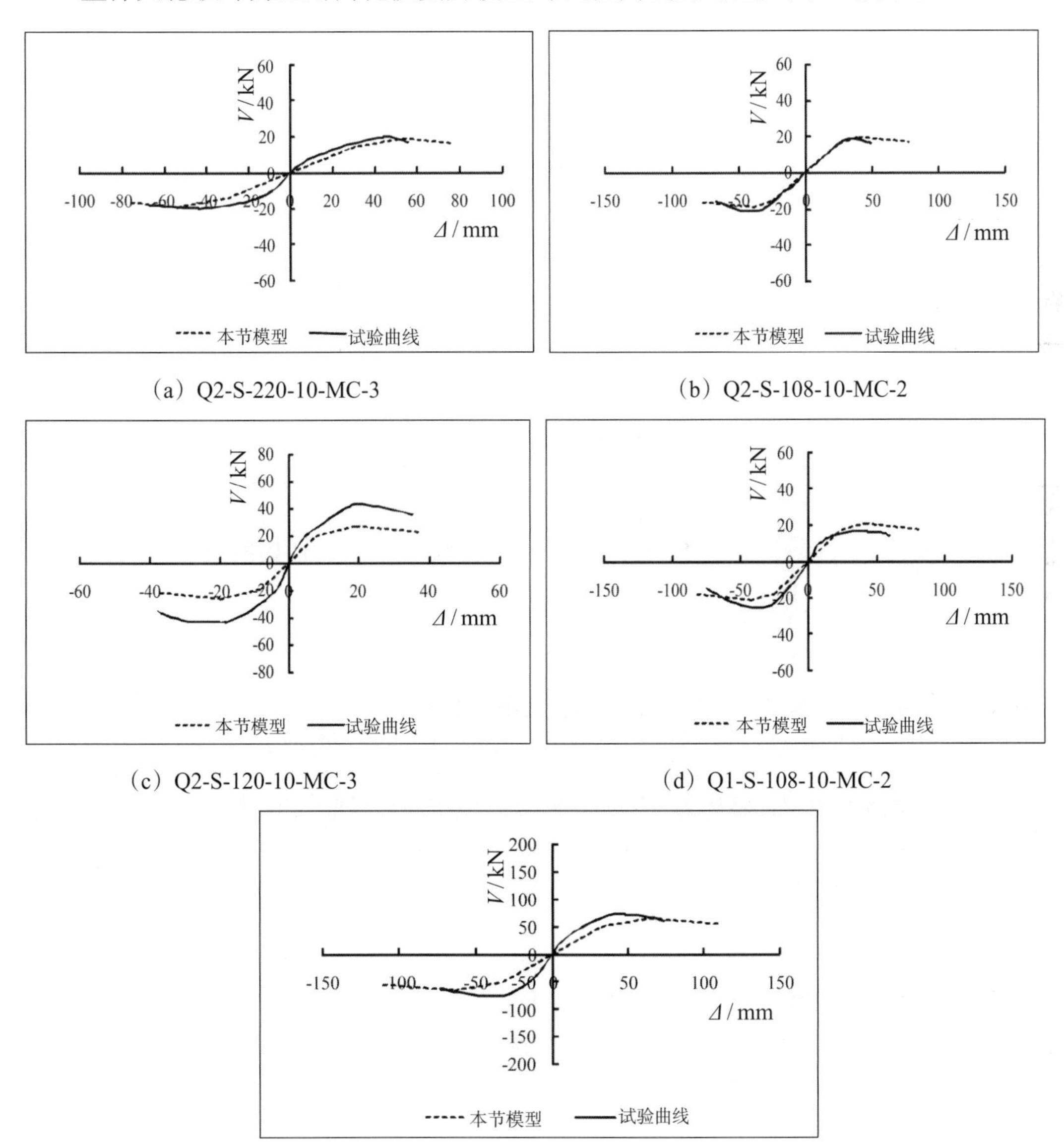

（a）Q2-S-220-10-MC-3

（b）Q2-S-108-10-MC-2

（c）Q2-S-120-10-MC-3

（d）Q1-S-108-10-MC-2

（e）Q1-S-250-16-MC-3

图5.6　整体失稳破坏时简化恢复力模型与试验骨架曲线的对比

由图可见，整体失稳破坏为主破坏的试件，除试件Q2-S-120-10-MC-3的峰值荷载值误差较大外，其他试件的初始刚度、峰值荷载和峰值处位移均吻合较好。可认为简化模型能反映骨架曲线的基本特征。

5.4.3 局部失稳破坏为主的简化恢复力模型

局部失稳破坏为主的简化恢复力模型与试验曲线的对比如图5.7所示。

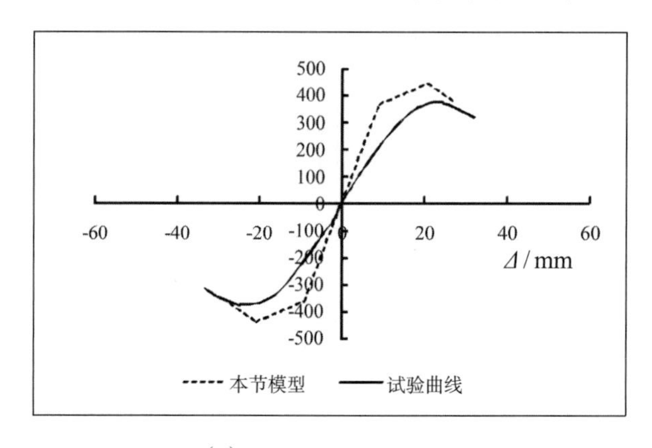

（a）Q2-R-400-10-MC-1

图5.7 局部失稳破坏时简化恢复力模型与试验骨架曲线的对比

由图可见，局部失稳为主破坏的试件，简化模型得到的初始刚度略大于试验刚度，主要是由于初始缺陷的不确定性引起的。

5.4.4 局部和整体失稳耦合破坏为主的构件

局部和整体失稳耦合破坏为主的简化恢复力模型与试验曲线的对比如图5.8所示。

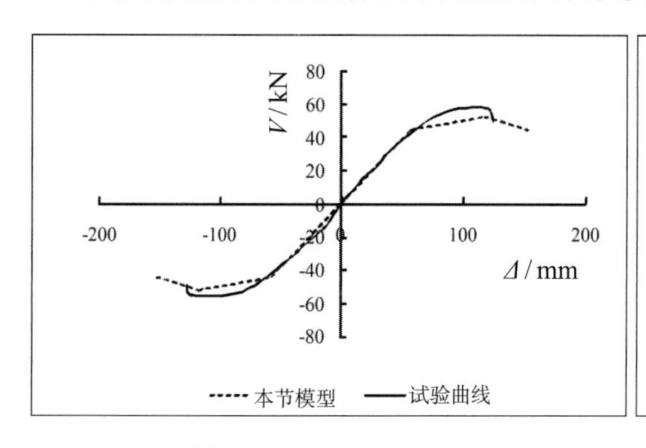

（a）Q2-S-250-8-MC-1-A

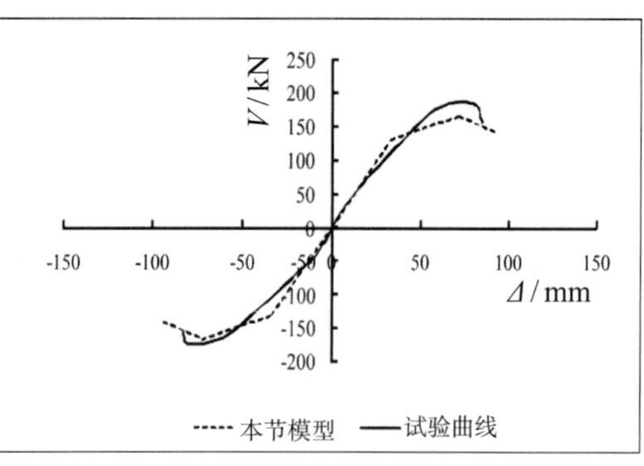

（b）Q2-S-350-12-MC-2

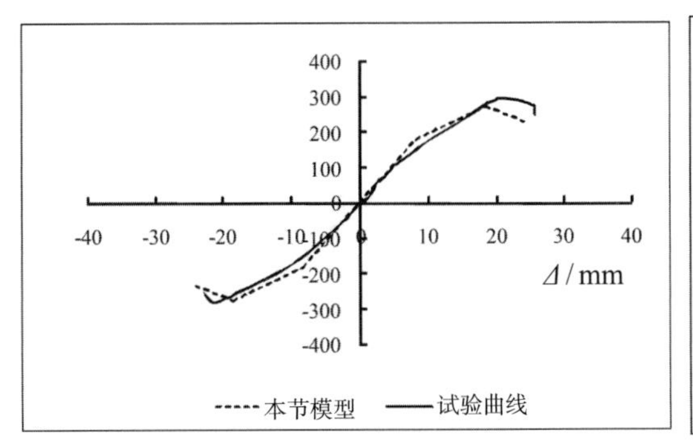

（c）Q2-S-350-12-MC-3

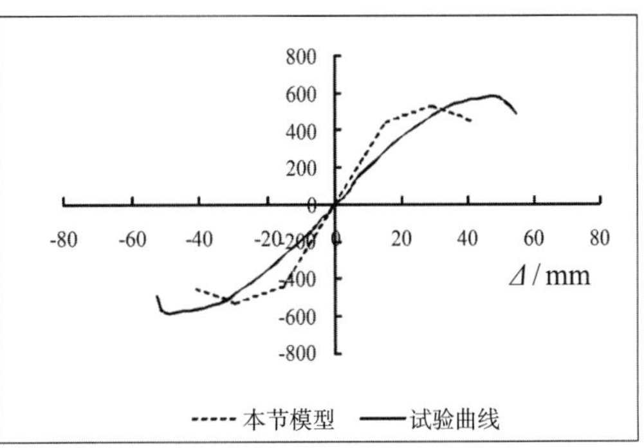

（d）Q2-S-350-16-MC-2

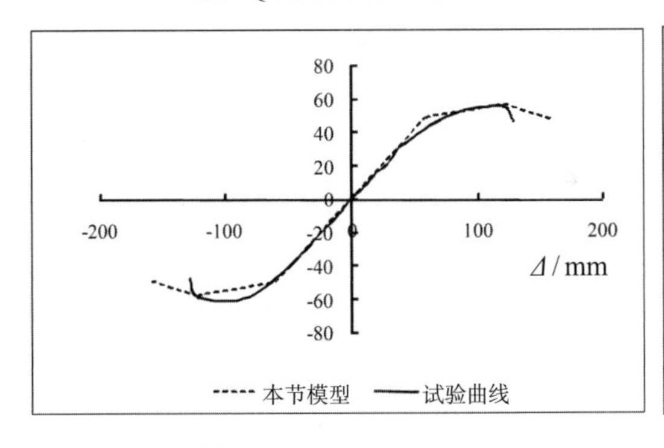

（e）Q2-S-250-8-MC-1-B

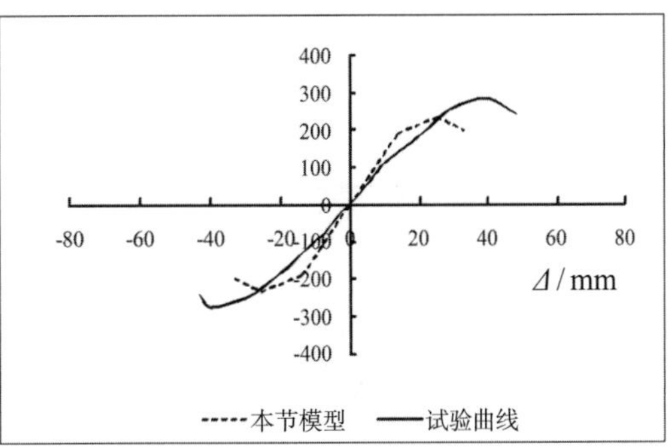

（f）Q1-S-350-14-MC-2

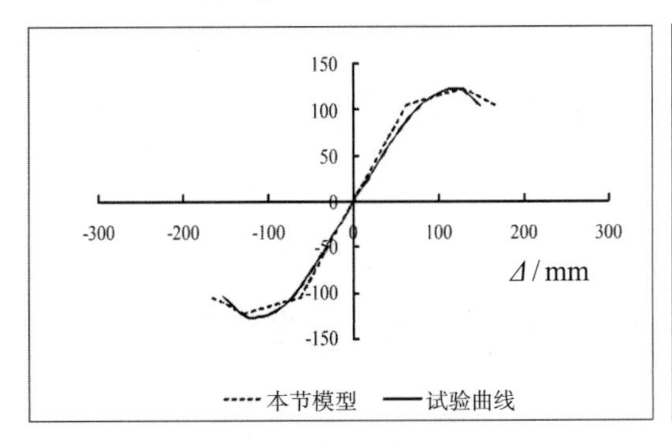

（g）Q2-R-350-12-MC-1

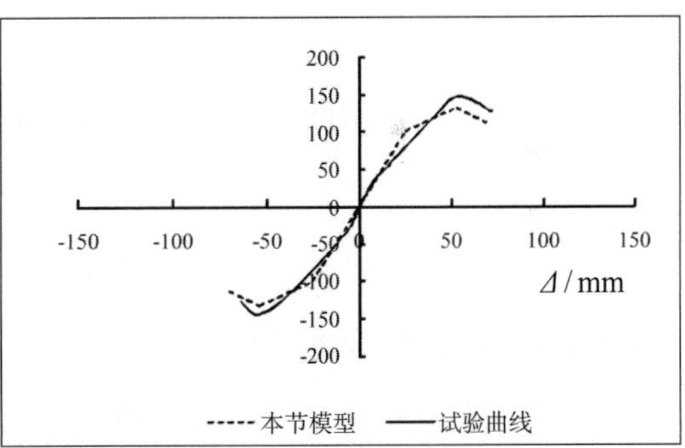

（h）Q2-R-350-12-MC-2

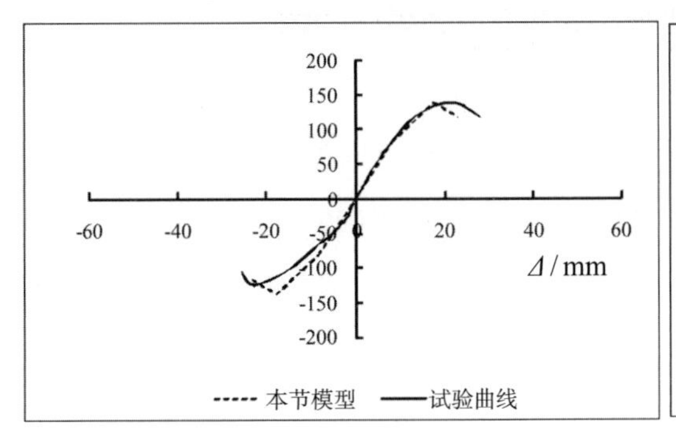

（i）Q2-R-350-12-MC-3

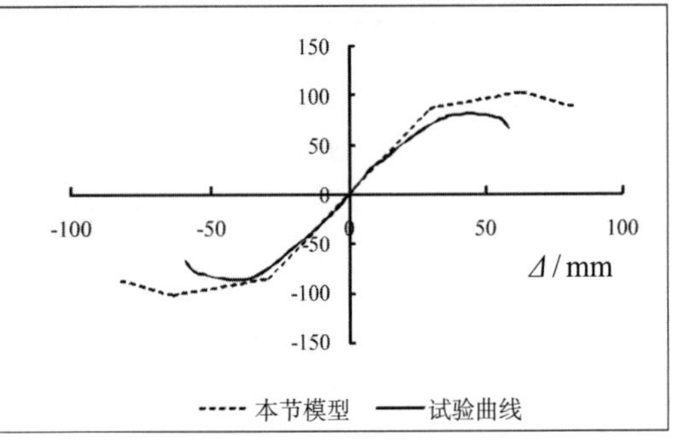

（j）Q2-R-300-8-MC-1

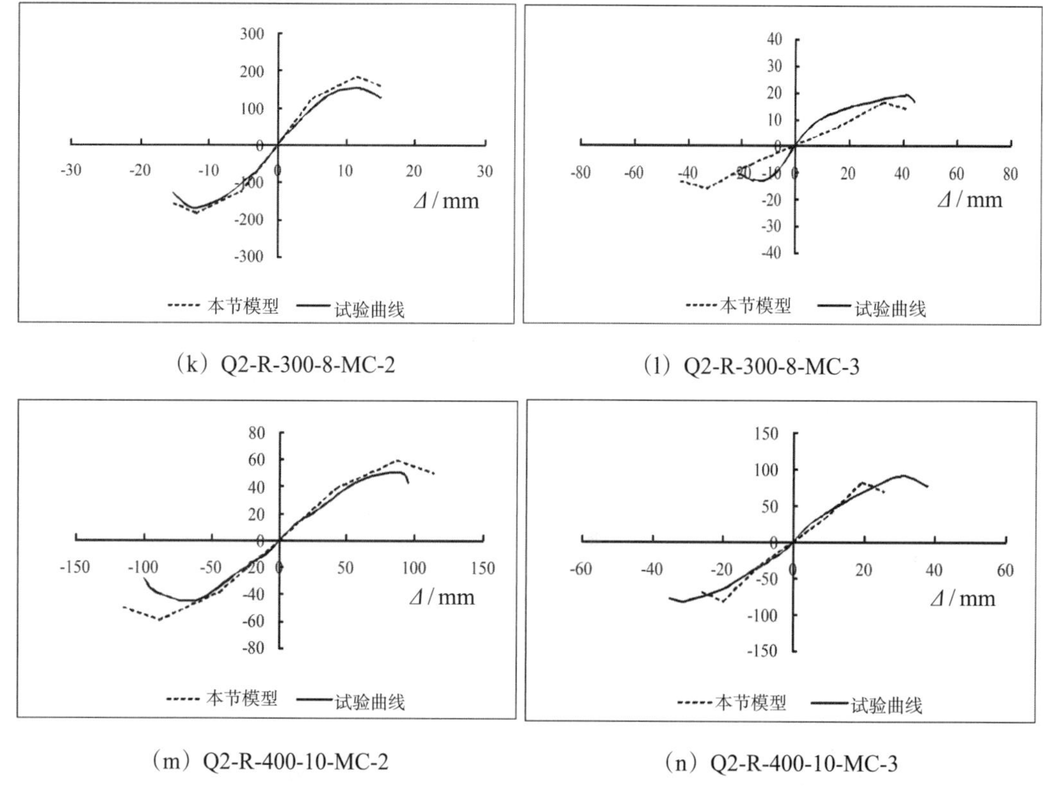

（k）Q2-R-300-8-MC-2　　（l）Q2-R-300-8-MC-3

（m）Q2-R-400-10-MC-2　　（n）Q2-R-400-10-MC-3

图 5.8　局部和整体失稳耦合破坏时简化恢复力模型与试验骨架曲线的对比

由图可见，骨架曲线模型在弹性阶段和试验曲线吻合较好，且所有试件的峰值荷载均与试验荷载很接近。试件 Q2-R-300-8-MC-3 初始刚度偏差较大的原因是该试件试验时的最大水平荷载仅占试验机量程的过小。可以认为，该模型基本上可以反映峰值荷载之前骨架曲线的特征，峰值点过后，在同级位移加载的情况下，多数试件荷载均下降到85%以下，试件即告破坏。

5.5　简化恢复力模型与试验结果的滞回曲线比较

依据本书提出的反复荷载作用下压弯构件的简化恢复力模型，求解各试件的柱顶水平荷载-位移滞回曲线，并与试验曲线进行比较，如图 5.9 至图 5.12 所示。

5.5.1　强度破坏为主的构件

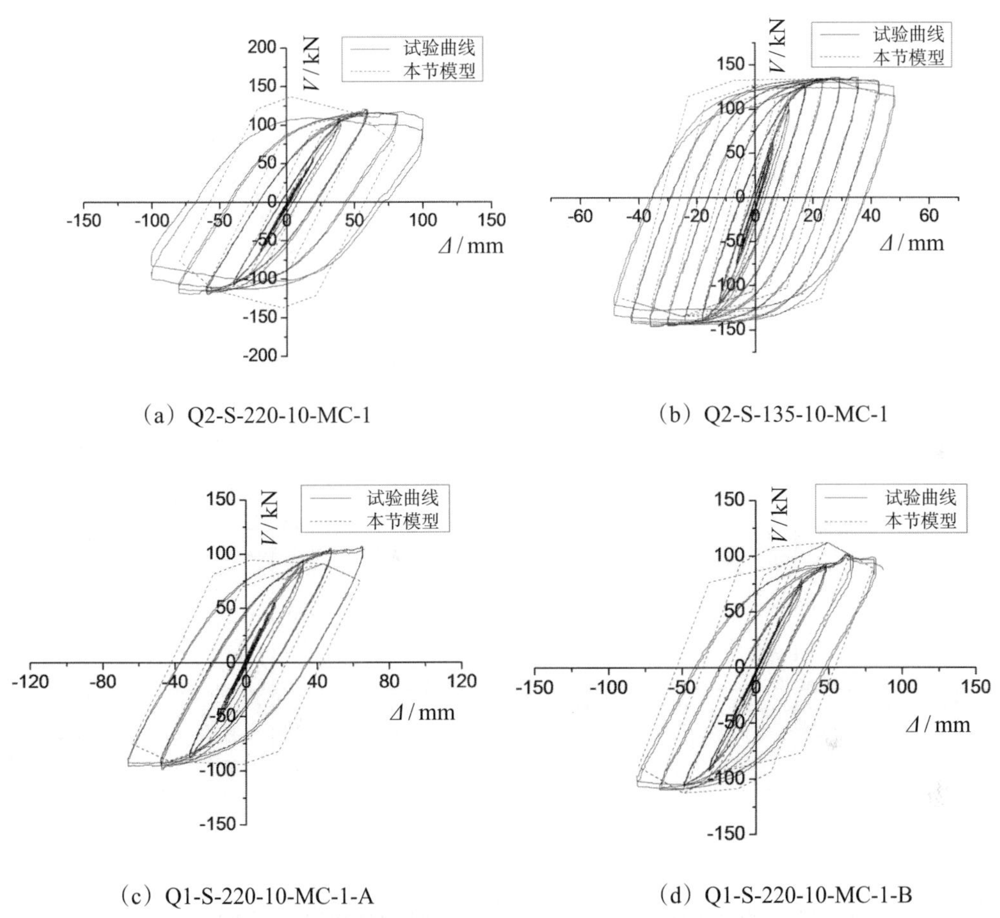

（a）Q2-S-220-10-MC-1　　（b）Q2-S-135-10-MC-1

（c）Q1-S-220-10-MC-1-A　　（d）Q1-S-220-10-MC-1-B

图5.9　强度破坏时简化恢复力模型与试验滞回曲线的对比

5.5.2 整体失稳破坏为主的构件

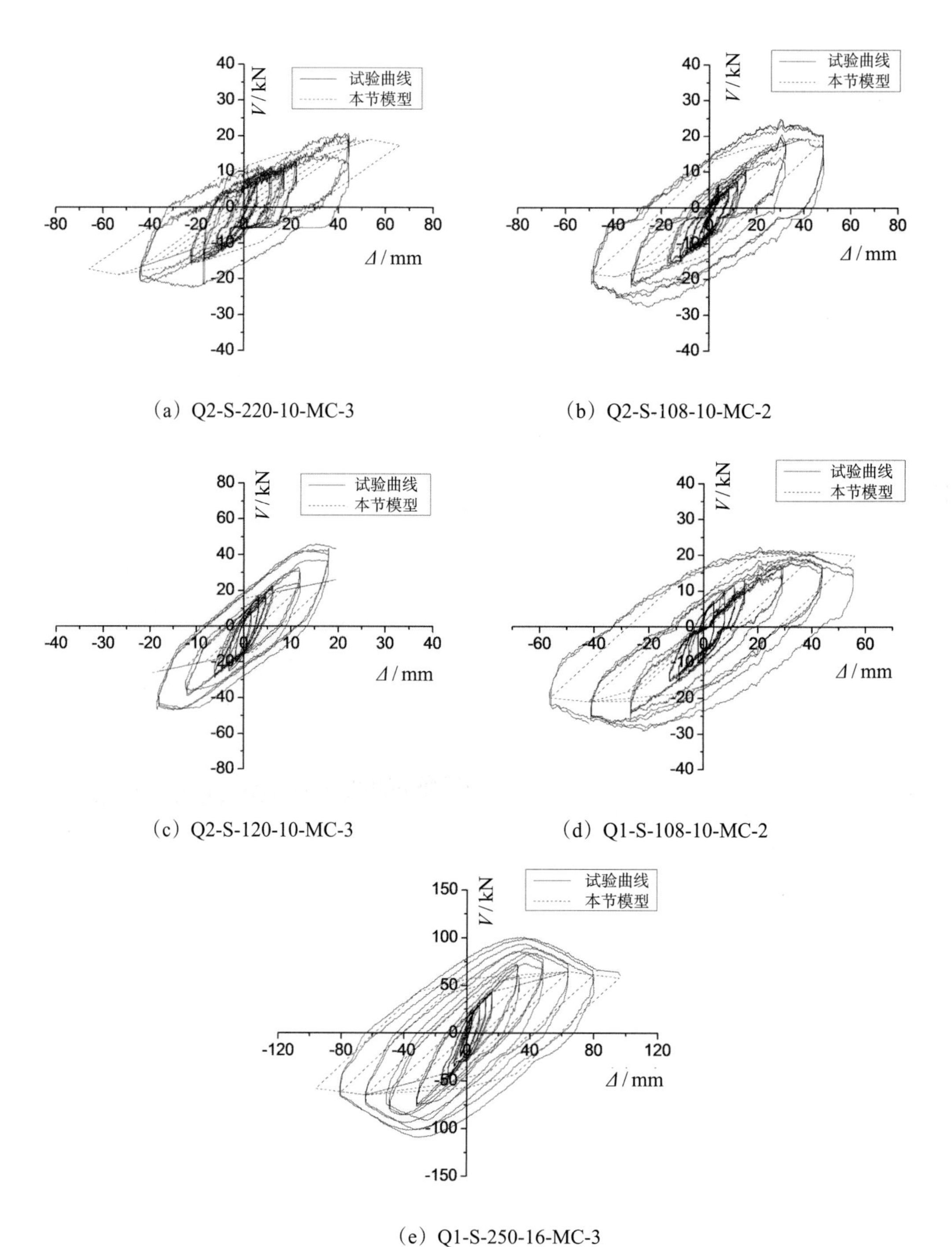

（a）Q2-S-220-10-MC-3　（b）Q2-S-108-10-MC-2

（c）Q2-S-120-10-MC-3　（d）Q1-S-108-10-MC-2

（e）Q1-S-250-16-MC-3

图5.10　整体失稳破坏时简化恢复力模型与试验滞回曲线的对比

5.5.3　局部失稳破坏为主的简化恢复力模型

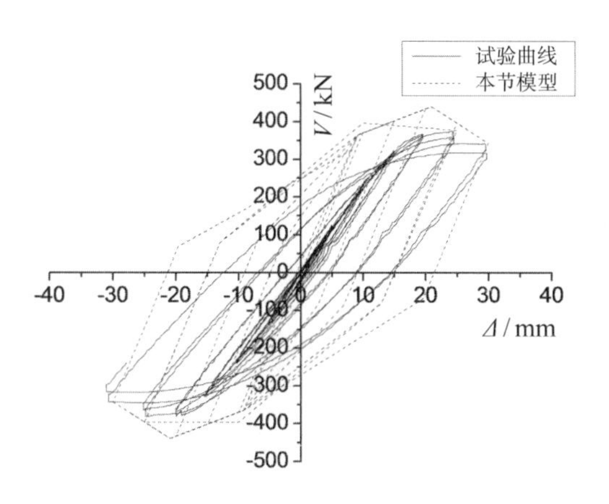

图5.11　局部失稳破坏时理论简化恢复力模型与试验滞回曲线的对比

5.5.4　局部和整体失稳耦合破坏为主的构件

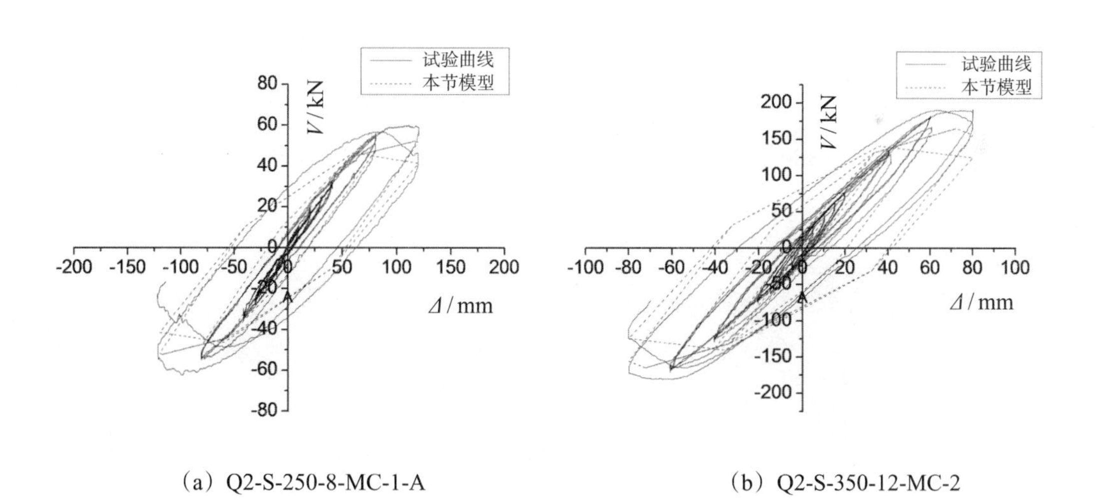

（a）Q2-S-250-8-MC-1-A　　（b）Q2-S-350-12-MC-2

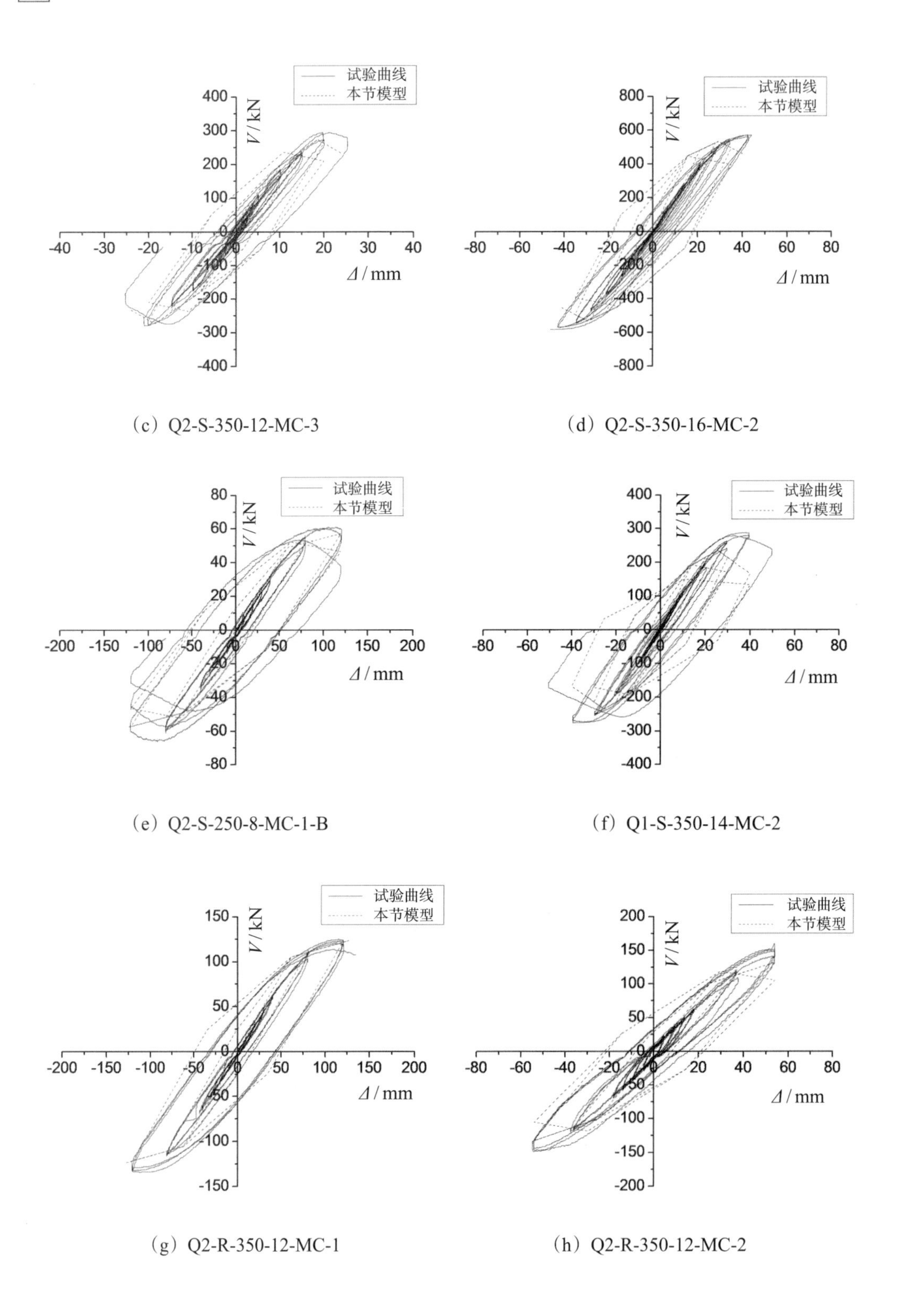

（c）Q2-S-350-12-MC-3

（d）Q2-S-350-16-MC-2

（e）Q2-S-250-8-MC-1-B

（f）Q1-S-350-14-MC-2

（g）Q2-R-350-12-MC-1

（h）Q2-R-350-12-MC-2

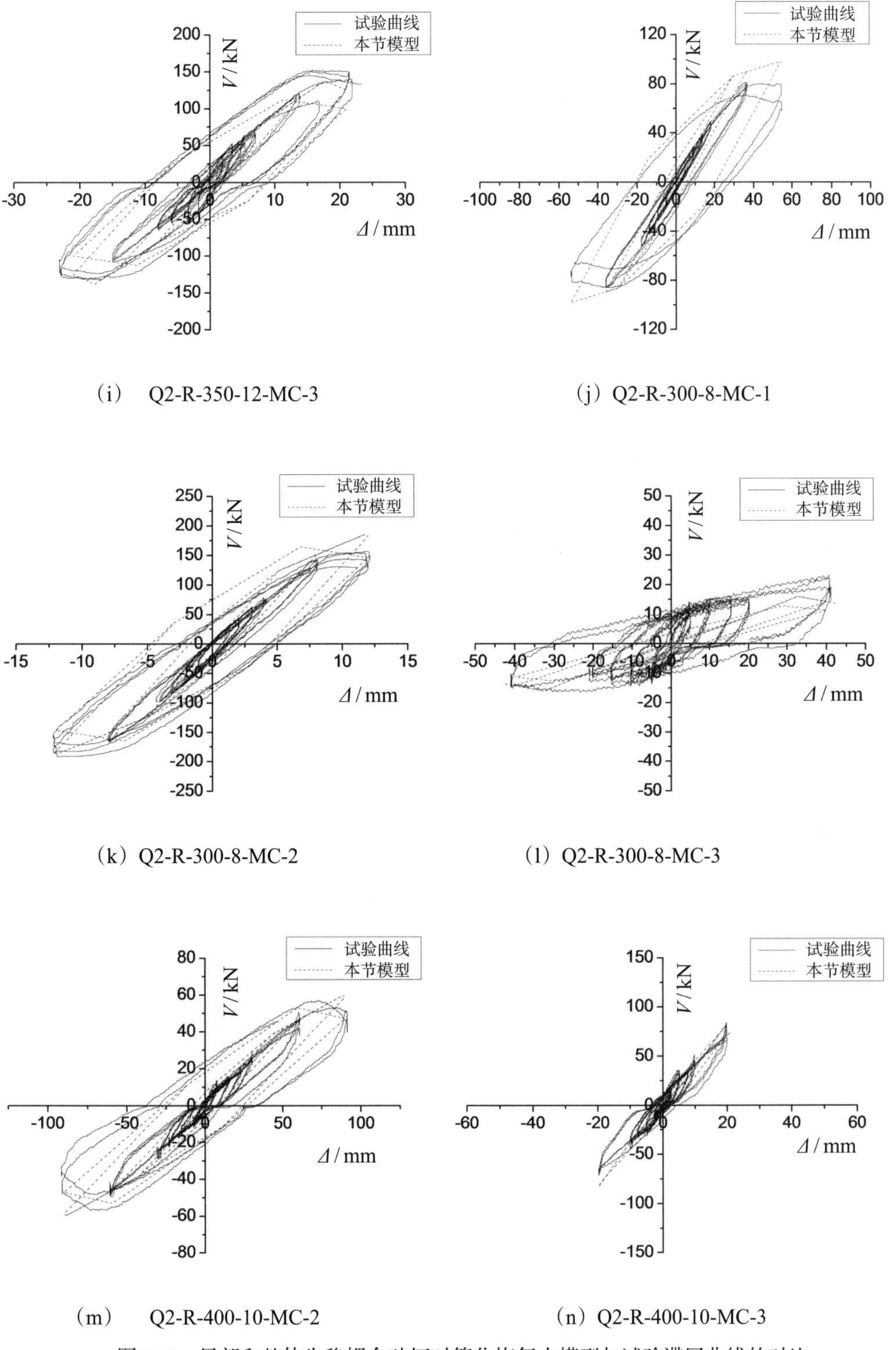

（i） Q2-R-350-12-MC-3

（j）Q2-R-300-8-MC-1

（k）Q2-R-300-8-MC-2

（l）Q2-R-300-8-MC-3

（m） Q2-R-400-10-MC-2

（n）Q2-R-400-10-MC-3

图5.12 局部和整体失稳耦合破坏时简化恢复力模型与试验滞回曲线的对比

由图5.9至图5.12可知，本书简化恢复力模型所求的柱顶水平荷载-位移滞回曲与试验曲线吻合较好，能反映反复荷载作用下压弯构件的大部分受力特征，可在实际工程分析中应用。部分试件如Q2-R-400-10-MC-3、Q2-R-300-8-MC-3，由于试验水平荷载最大值相比水平千斤顶的量程（1 500 kN）而言过小，本书给出的理论模型结果略有偏差。

5.6 本章小结

（1）根据参数分析的结果，通过回归分析，得到了$V-\Delta$骨架曲线上各特征点的实用计算公式。

（2）提出了适用于冷弯厚壁型钢方钢管压弯构件柱顶水平荷载-位移性能的骨架曲线和简化恢复力模型，并与试验结果进行了比较，吻合较好。

第6章

结论与展望

6.1 结论

结合试验和理论研究对冷弯厚壁钢管压弯构件的抗震性能进行了系统的研究。通过对影响构件抗震性能的各因素进行参数分析，得到了柱顶水平荷载-位移骨架曲线上各特征点的实用计算公式，并依此提出了适用于冷弯厚壁钢管压弯构件的简化恢复力模型。得到以下主要结论。

（1）首先对典型截面的平板部位和弯角部位取样568个试件进行了材性试验。结合书中进行的短柱试验结果，并和国内外相关规范考虑冷弯效应强度提高的设计公式进行比较，可认为我国规范考虑冷弯效应的屈服强度计算公式对于全截面有效的冷弯厚壁型钢也是适用的，且偏于保守。

（2）基于试验结果，给出了方形、矩形钢管截面的屈服强度、极限强度、强屈比和伸长率沿截面的分布模型和圆形钢管截面的屈服强度、极限强度、强屈比、伸长率和断面收缩率沿截面的分布模型。

（3）以轴压比、宽厚比和长细比为主要因素，采用正交试验设计方法，对24个试件进行了低周反复荷载试验研究。研究结果表明：轴压比、宽厚比和长细比是影响压弯构件抗震性能的三个关键因素；根据此三个因素，可区分试件的破坏模式；随着位移不断加大，所有试件均在底部形成塑性铰，并导致可承受的水平荷载不断降低，柱底的塑性变形均在距柱端0.2～0.8柱边长范围内。

（4）利用有限元软件ANSYS，对试验设计时所考察的影响压弯构件抗震性能的主要因素进行了全设计的参数分析。根据轴压比、长细比和宽厚比三个参数，可对试件的破坏模式分成四类：根据轴压比、长细比和宽厚比三个参数，对试件的破坏模式分成四类：当宽厚比小于30时，若长细比 $\lambda \leqslant 30$ ，试件主要发生强度为主的破坏；若长细比为30～90，随着长细比的增大，试件发生强度破坏时对应的轴压比越来越小，即长细比过大时，试件在较小轴压比时就发生整体失稳破坏。当宽厚比在30～50范围内时，根据长细比和轴压比的不同取值，试件主要发生局部失稳或局部与整体失稳耦合的破坏。

（5）根据参数分析的结果，针对不同破坏模式，通过回归分析，得到了 $V-\Delta$ 骨架曲线上各特征点的实用计算公式。提出了适用于冷弯厚壁型钢方钢管压弯构件柱顶水平荷载-位移性能的骨架曲线和简化恢复力模型，并与试验结果进行比较。结果表明，本书提出的简化恢复力模型可应用于分析冷弯厚壁型钢压弯构件的滞回性能。

6.2 展望

为了能更深入地了解冷弯厚壁型钢的力学性能，并在工程中安全合理地推广应用，作者认为还需要对如下若干问题进行探索和研究。

（1）采用梁式构件，对冷弯厚壁型钢在地震作用下的转动能力进行进一步研究。

（2）所进行的是构件方面的研究，若需将冷弯厚壁型钢进一步推广应用，还需要对节点、框架和结构体系进行系统的研究。

（3）书中按照规范ATC-24的加载制度进行低周反复抗震试验，未进行其他加载制度的对比，建议以后进行相关研究，可以考虑不同加载制度如ECCS加载制度对构件滞回性能的影响。

（4）建议后续研究补充局部失稳破坏为主的压弯试件的抗震性能试验。

参 考 文 献

[1] North American specification for the design of cold-formed steel structural members [S].2001 EDITION.

[2] AS/NZS 4600:2005. Cold-formed steel structures[S].

[3] ABDEL-RAHMAN N., SIVAKUMARAN K.S. Material properties models for analysis of cold-formed steel members[J] . Journal of Structural Engineering, 1997, Vol. 123(9): 1135-1143.

[4] EN1993-1-3. Eurocode 3 - Design of Steel Structures - Part 1-3: General rules - Supplementary rules for cold-formed members and sheeting[S]. 2006, BSI.

[5] J.沃登尼尔. 钢管截面的结构应用[M]. 张其林，刘大康，译.上海：同济大学出版社，2004.

[6] 金昌成. 冷弯型钢屈服强度计算公式的探讨[J]. 工业建筑，1982，12(3)：30-36.

[7] 金昌成. 冷弯型钢的冷作强化及其利用[J]. 建筑结构学报，1994，15(2)：43-51.

[8] 朱爱珠. 冷弯厚壁型钢冷弯效应试验研究及冷弯残余应力场分析[D] .武汉：武汉大学，2004.

[9] 郭耀杰，朱爱珠. 冷弯厚壁型钢冷弯效应试验研究[J]. 钢结构，2004，(增刊)：205-210.

[10] 韩军科，杨风利，杨靖波，等. 厚壁冷弯型钢冷弯效应试验研究和分析[J].建筑结构，2010年4月，40卷(增刊)：200-203.

[11] 温东辉，沈祖炎，李元齐.冷弯厚壁型钢冷弯效应及残余应力研究进展[J]. 结构工程师，2010，26(1)：156-163.

[12] 胡盛德,李立新,周家林,等. 厚壁方矩形管冷弯效应对比分析[J].材料科学与工程学报,2010,28(1):76:80,129.

[13] 王国周. 残余应力对钢压杆承载能力的影响及理论分析概括(一)[J].冶金建筑.1981(9):31-36.

[14] WENG C. C., PEKOZ T. Residual stresses in cold-formed steel members[J]. Journal of Structural Engineering, ASCE, 1990, Vol. 116(6), 1611-1625.

[15] INGVARSSON L. Cold-forming residual stresses, effect on buckling. Proceedings of the 3rd International Specialty Conference on Cold-formed Steel Structures[C]. University of Missouri-Rolla, Nov. 1975, 85-119.

[16] WENG C.C., WHITE R. N. Residual stresses in cold-bent thick steel plates[J]. J. Struct. Engrg., ASCE, 1990, Vol.116(1), 24-39.

[17] WENG C.C., WHITE R. N. Cold-bending of thick high-strength steel plates[J]. J. Struct. Engrg., ASCE, 1990, Vol.116(1), 40-54.

[18] KEY PW, HANCOCK GJ. A theoretical investigation of the column behavior of cold- formed square hollow sections[J] . Thin-walled Structures, 1993, Vol. 16 (1-4):31-64.

[19] Li S.H., et al. Residual stresses in roll-formed square hollow sections[J]. Thin-walled structures. 2009, Vol.47(5): 505-513.

[20] QUACH W.M., TENG J.G., Chung K.F. Residual stresses in steel sheets due to coiling and uncoiling: a closed-form analytical solution[J]. Engineering Structures. 2004, Vol.26(9): 1249-1259.

[21] QUACH W.M., TENG J.G., CHUNG K.F. Finite element predictions of residual stresses in press-braked thin-walled steel sections[J]. Engineering Structures. 2006, Vol.28(11): 1609-1619.

[22] MOEN C.D., IGUSA T., SCHAFER B.W. Prediction of residual stresses and strains

in cold-formed steel members[J]. Thin-walled Structures. 2008, Vol. 46（11）: 1274-1289.

[23] 郭盛. 冷弯残余应力分布及其影响下的轴压构件整体稳定性研究[D] .武汉：武汉大学，2004.

[24] 于雷. 厚壁冷成型钢残余应力理论分析及其影响研究[D] .南京：南京工业大学，2005.

[25] 侯刚. 冷弯非薄壁方管柱轴压性能试验研究与数值分析[D] .上海：同济大学，2011.

[26] LEWEI TONG, GANG HOU, YIYI CHEN, et al. Experimental investigation on longitudinal residual stresses for cold-formed thick-walled square hollow sections[J]. Journal of Constructional Steel Research, 2012, Vol.73(6): 105-116.

[27] JI-HUA ZHU, BEN YOUNG. Aluminum alloy circular hollow section beam-columns[J]. Thin-walled Structures, 2006, Vol.44(2): 131-140.

[28] JI-HUA ZHU, BEN YOUNG. Numerical investigation and design of aluminum alloy circular hollow section columns[J]. Thin-walled Structures, 2008, Vol.46(12): 1437-1449.

[29] FENG ZHOU, BEN YOUNG. Numerical analysis and design of concrete-filled aluminum circular hollow section columns[J]. Thin-Walled Structures, Volume 50, Issue 1, January 2012, 45-55.

[30] JI-HUA ZHU, BEN YOUNG. Aluminum alloy tubular columns—Part I: Finite element modeling and test verification[J]. Thin-Walled Structures, Volume 44, Issue 9, September 2006, 961-968.

[31] JI-HUA ZHU, BEN YOUNG. Aluminum alloy tubular columns—Part II: Parametric study and design using direct strength method[J]. Thin-Walled Structures, Volume 44, Issue 9, September 2006, 969-985.

[32] JI-HUA ZHU, BEN YOUNG. Effects of transverse welds on aluminum alloy columns[J].Thin-Walled Structures, Volume 45, Issue 3, March 2007, 321-329.

[33] Y.Q. WANG, H.X. YUAN, Y.J. Shi, et al. Lateral-torsional buckling resistance of aluminium I-beams[J]. Thin-Walled Structures, Volume 50, Issue 1, January 2012, 24-36.

[34] JI-HUA ZHU, BEN YOUNG. Experimental investigation of aluminum alloy circular hollow section columns[J]. Engineering Structures, Volume 28, Issue 2, January 2006, 207-215.

[35] BEN YOUNG, YAHUA LIU. Experimental investigation of cold-formed stainless steel columns[J]. Journal of Structural Engineering, 2003, Vol. 129(2):169-176.

[36] BEN YOUNG, WING-MAN LUI. Behavior of cold-formed high strength stainless steel sections[J]. Journal of Structural Engineering, 2005, Vol.131(11):1738-1745.

[37] BEN YOUNG. Experimental and numerical investigation of high strength stainless steel structures[J]. Journal of Constructional Steel Research, 2008, Vol.64 (11): 1225-1230.

[38] BEN YOUNG, WING-MAN LUI. Tests of cold-formed high strength stainless steel compression members[J]. Thin-Walled Structures, Volume 44, Issue 2, February 2006, 224-234.

[39] EHAB ELLOBODY. Buckling analysis of high strength stainless steel stiffened and unstiffened slender hollow section columns[J]. Journal of Constructional Steel Research, Volume 63, Issue 2, February 2007, 145-155.

[40] RACHEL B. CRUISE, LEROY GARDNER. Strength enhancements induced during cold forming of stainless steel sections[J]. Journal of Constructional Steel Research, Volume 64, Issue 11, November 2008, 1310-1316.

[41] BEN YOUNG, EHAB ELLOBODY. Design of cold-formed steel unequal angle compression members[J]. Thin-Walled Structures, 2007, Vol.45 (3): 330～338.

[42] B. YOUNG. Tests and design of fixed-ended cold-formed steel plain angle columns[J]. Journal of Structural Engineering ASCE，2004，Vol.130（12）：1931～1940.

[43] B. YOUNG. Experimental investigation of cold-formed steel lipped angle concentrically loaded compression members[J]. Journal of Structural Engineering ASCE，2005，Vol.131（9）：1390～1396.

[44] B. YOUNG，E. ELLOBODY. Buckling analysis of cold-formed steel lipped angle columns[J]. Journal of Structural Engineering ASCE，2005，Vol.131（10）：570－1579.

[45] B. YOUNG，J. YAN. Finite element analysis and design of fixed-ended plain channel columns[J]. Finite Elements in Analysis and Design，2002，Vol.38（6）：549－566.

[46] E. ELLOBODY，B. YOUNG. Behavior of cold-formed steel plain angle columns[J]. Journal of Structural Engineering ASCE，2005，Vol. 131（3）：457－466.

[47] B. YOUNG，K.J.R. Rasmussen. Behaviour of cold-formed singly symmetric columns[J]. Thin-walled Structures，1999，Vol. 33（2）：83－102.

[48] BEN YOUNG. Research on cold-formed steel columns[J]. Thin-Walled Structures，2008，Vol.46，（7-9）：731-740.

[49] JI-HUA ZHU，BEN YOUNG. Design of cold-formed steel oval hollow section columns[J]. Journal of Constructional Steel Research，2012，Vol. 71（4）：26-37.

[50] A. LANDESMANN，D. CAMOTIM. On the Direct Strength Method（DSM）design of cold-formed steel columns against distortional failure[J].Thin-Walled Structures，2013，Vol. 67，（6）：168-187

[51] WEI-XIN REN，SHENG-EN FANG，BEN YOUNG. Analysis and design of cold-formed steel channels subjected to combined bending and web crippling[J]. Thin-Walled Structures，2006，Vol.44(3)：314-320.

[52] H.C. Ho，K.F. CHUNG. Analytical prediction on deformation characteristics of

lapped connections between cold-formed steel Z sections[J].Thin-Walled Structures, 2006, Vol.44(1): 115-130.

[53] J.B.P LIM, D.A NETHERCOT. Stiffness prediction for bolted moment-connections between cold-formed steel members[J]. Journal of Constructional Steel Research, 2004, Vol.60(1): 85-107.

[54] Eduardo de Miranda Batista. Effective section method: A general direct method for the design of steel cold-formed members under local – global buckling interaction [J]. Thin-Walled Structures, 2010, Vol.48(4-5): 345-356.

[55] ALIREZA BAGHERI SABBAGH, MIHAIL PETKOVSKI, KYPROS PILAKOUTAS, RASOUL MIRGHADERI. Development of cold-formed steel elements for earthquake resistant moment frame buildings[J]. Thin-Walled Structures. 2012, Vol. 53, (4): 99 – 108.

[56] L.Y. Li, J.K. CHEN. An analytical model for analysing distortional buckling of cold-formed steel sections[J]. Thin-Walled Structures, Vol.46 (12)(2008), 1430 – 1436.

[57] J. LOUGHLAN. Thin-walled cold-formed sections subjected to compressive loading [J]. Thin-Walled Structures, Vol.16 (1 – 4)(1993), 65 – 109.

[58] Y.L. Pi, B.M. Put, N.S. Trahair, Lateral buckling strengths of cold-formed zz-section beams[J]. Thin-Walled Structures, Vol.34 (1)(1999), 65 – 93.

[59] H.C. Ho, K.F. CHUNG. Structural behavior of lapped cold-formed steel Z sections with generic bolted configurations[J]. Thin-Walled Structures, Vol.44, Issue 4, April 2006, 466-480.

[60] JIAZHEN LENG, JAMES K. GUEST, Benjamin W. Schafer, Shape optimization of cold-formed steel columns[J].Thin-Walled Structures, Vol.49, Issue 12, December 2011, 1492-1503.

[61] NIROSHA DOLAMUNE KANKANAMGE, MAHEN MAHENDRAN. Behaviour and design of cold- formed steel beams subject to lateral - torsional buckling[J]. Thin-Walled Structures, Vol.51, February 2012, Pages 25-38.

[62] CRISTOPHER D. MOEN, B.W. SCHAFER. Elastic buckling of cold-formed steel columns and beams with holes[J]. Engineering Structures, Vol.31, Issue 12, December 2009, Pages 2812-2824.

[63] CRISTOPHER D. MOEN, B.W. Schafer. Experiments on cold-formed steel columns with holes[J].Thin-Walled Structures, Vol.46, Issue 10, October 2008, Pages 1164-1182.

[64] N.S. TRAHAIR. Lateral buckling strengths of unsheeted cold-formed beams[J]. Engineering Structures, Vol.16, Issue 5, July 1994, Pages 324-331.

[65] FENG ZHOU, BEN YOUNG. Experimental and numerical investigations of cold-formed stainless steel tubular sections subjected to concentrated bearing load [J]. Journal of Constructional Steel Research, Vol.63, Issue 11, November 2007, Pages 1452-1466.

[66] BEN YOUNG, KIM J.R. RASMUSSEN. Inelastic bifurcation of cold-formed singly symmetric columns[J].Thin-Walled Structures, 2000, Vol. 36 (3):213-230.

[67] 李元齐,沈祖炎. 屈服强度550 MPa高强冷弯薄壁型钢结构轴压构件承载力计算模式研究[J].建筑结构学报,2006, Vol.27(3):18-25.

[68] 沈祖炎,李元齐. 屈服强度550 MPa高强冷弯薄壁型钢结构轴心受压构件可靠度分析[J].建筑结构学报,2006, Vol.27(3):26-33.

[69] B.W. SCHAFER. Local, distortional, and euler buckling of thin-walled columns [J]. Journal of Structural Engineering, 2002, Vol.128(3):289-299.

[70] Y.-L. PI, N.S. TRAHAIR. Lateral-distortional buckling of hollow flange beams [J]. Journal of Structural Engineering, 1997, Vol. 123(6):695-702.

[71] B. W. SCHAFER,TOMANT PEKÖZ. direct strength prediction of cold-formed steel members using numerical elastic buckling solutions[C]. 14th International Specialty Conference on Cold-Formed Steel Structures, St. Louis, Missouri U.S.A., October 15-16, 1998. 69-76.

[72] B.W. SCHAFER. Review: The Direct Strength Method of cold-formed steel member design[J]. Journal of Constructional Steel Research, 2008, Vol.64 (7 – 8): 766-778.

[73] C. Yu, B. SCHAFER. Simulation of cold-formed steel beams in local and distortional buckling with applications to the direct strength method[J]. Journal of Constructional Steel Research, Vol.63 (5)(2007), 581 – 590.

[74] 汪辉. 考虑初始缺陷的中厚壁冷弯钢管柱极限承载力研究[D] .武汉:武汉理工大学, 2004.

[75] 王维维. 残余应力对厚壁冷弯双槽钢柱整体稳定性的影响[D] .武汉:武汉大学, 2005.

[76] 高恒. 中厚壁冷弯钢管柱轴压承载力试验研究与分析[D] .武汉:武汉理工大学, 2007.

[77] MOHAMED ELCHALAKANI, et al. Tests of cold-formed circular tubular braces under cyclic axial loading[J]. Journal of Structural Engineering, 2003, Vol.129(4): 507-514.

[78] J.M. GOGGINS, et al. Experimental cyclic response of cold-formed hollow steel bracing members[J]. Engineering Structures, 2005, Vol.27(7):977-989.

[79] GRZEBIETA R, et al. Multiple low cycle fatigue of SHS tubes subjected to gross pure bending deformation[C]. Proc. 5th Int. Colloquium on Stability and Ductility of Steel Structure, University of Nayoya, Nayoya, Japan, 847-854.

[80] ELCHALAKANI, M, et al. Cyclic bending tests to determine fully ductile section

slenderness limits for cold-formed circular hollow sections[J]. Journal of Structural Engineering, 2004, Vol.130(7): 1001-1010.

[81] ELCHALAKANI, M, et al. Variable amplitude cyclic pure bending tests to determine fully ductile section slenderness limits for cold-formed CHS[J]. Engineering Structures, 2006, Vol.28(9), 1223-1235.

[82] ZHAO X.L..Void-filled cold-formed rectangular hollow section braces subjected to large deformation cyclic axial loading[J]. Journal of Structural Engineering, 2002, Vol.128(6): 746-753.

[83] ZHAO X.L., GRZEBIETA R. Void-filled SHS beams subjected to large deformation cyclic bending[J]. Journal of Structural Engineering, 1999, Vol.125(9):1020-1027.

[84] K.H.NIP, L.Gardner, A.Y.Elghazouli. Numerical modeling of tubular steel braces under cyclic axial loading [M]. Steel and Composite Structures – Wang & Choi (eds), Taylor & Francis Group, London, ISBN 978-0-415-45141-3.

[85] K.H.NIP, L.GARDNER, A.Y.ELGHAZOULI. Cyclic testing and numerical modeling of carbon steel and stainless steel tubular bracing members[J]. Engineering Structures, 2010, Vol.32(2): 424-441.

[86] 王莉萍. 厚壁冷弯型钢冷弯效应研究[D]. 上海:同济大学土木工程学院,2011.

[87] 国家市场监督管理总局. 金属材料拉伸试验第1部分:室温试验方法:GB/T 228.1—2021[S]. 北京:中国标准出版社,2002.

[88] 沈祖炎, 陈扬骥, 陈以一. 钢结构基本原理[M].北京:中国建筑工业出版社,2005.

[89] 赵晓林, T. WILKINSON, GREGORY HANCOCK. 冷弯钢管计算与设计[M]. 蒋首超,赵晓林,译. 北京:中国建筑工业出版社,2007.

[90] S. AFSHAN, B. ROSSI, L. GARDNER. Strength enhancements in cold-formed structural sections -Part I: Material testing[J]. Journal of Constructional Steel Reserch, 2013, Vol.83:177-188.

[91]《冷弯薄壁型钢结构技术规范》(GB 50018—2002)[S]. 北京:中国计划出版社, 2002.

[92] 中冶建筑研究总院有限公司,《钢结构设计规范》(GB 50017—2003)钢材修编组. 国产建筑钢结构钢材性能试验、统计分析及设计指标的研究[R]. 北京:2012.

[93] American Institute of Steel Construction Incorporated, Seismic provisions for structural steel buildings(ANSI/AISC 341-05)[S].American National Standards Institute. 2005.

[94] 建筑抗震设计规范(GB 50011—2010)[S].北京:中国建筑工业出版社,2010.

[95] 姜同川. 正交试验设计[M]. 济南:山东科学技术出版社,1985.

[96] 陈魁. 试验设计与分析[M]. 2版. 北京:清华大学出版社,2005.

[97] 王新敏.ANSYS工程结构数值分析[M].北京:人民交通出版社,2007.

[98] 张朝晖,李树奎. ANSYS11.0有限元分析理论与工程应用[M]. 北京:电子工业出版社,2008.

[99] 王新敏,李义强,许宏伟. ANSYS结构分析单元与应用[M]. 北京:人民交通出版社,2011.

[100] 罗金辉. L形钢管混凝土柱-H型钢梁框架节点抗震性能研究[D]. 上海:同济大学土木工程学院,2011.

[101] 李海峰. 大跨度空间结构箱形钢构件抗震性能研究[D]. 上海:同济大学土木工程学院,2011.

[102] 童根树. 钢结构的平面内稳定[M].北京:中国建筑工业出版社,2005.